XUEPLC HENRONGYI
TUSHUO PLC TIXINGTU YU YUJUBIAO

学PLC很容易
——图说 PLC 梯形图与语句表

李长军　主　编

周　华　副主编

卢　强　关开芹　肖　云　郭庆玲　李长城　参　编

中国电力出版社
CHINA ELECTRIC POWER PRESS

内 容 提 要

本书以西门子S7-200 PLC为例，深入浅出地介绍PLC梯形图与语句表的识读与编程方法。主要内容包括认识PLC，了解S7-200 PLC编程元件及寻址方式，熟悉S7-200 PLC基本指令，掌握PLC常用基本控制程序，掌握步进顺序控制与编程，熟悉S7-200 PLC的功能指令，掌握电动机的PLC控制，掌握生产设备的PLC控制。全书编写注重实用性，突出应用能力的提高；结构安排符合认知规律，条理清晰，语言通俗；内容编排照顾低起点读者的需要，图文结合，趣味性强，易学易懂。

本书可作为自动化领域电气技术人员的自学或培训教材，也可作为大中专院校、技校及职业院校电气专业的教材和参考书。

图书在版编目（CIP）数据

学PLC很容易：图说PLC梯形图与语句表 / 李长军主编. —北京：
中国电力出版社，2015.9（2021.8 重印）
ISBN 978-7-5123-7743-1

Ⅰ. ①学… Ⅱ. ①李… Ⅲ. ①plc技术—图解 Ⅳ. ①TM571.6-64

中国版本图书馆CIP数据核字（2015）第 099682 号

中国电力出版社出版、发行
（北京市东城区北京站西街 19 号　100005　http://www.cepp.sgcc.com.cn）
三河市航远印刷有限公司印刷
各地新华书店经售

*

2015 年 9 月第一版　　2021 年 8 月北京第五次印刷
787 毫米 × 1092 毫米　16 开本　15 印张　278 千字
定价 49.00 元

版 权 专 有　侵 权 必 究
本书如有印装质量问题，我社营销中心负责退换

前　言

随着科技的迅速发展，生产生活中的电气自动化程度越来越高，越来越多的人正在或者将要从事自动控制工作。而 PLC 实现的工业控制应用尤为普遍，为了让大家能跟上新技术发展，迅速掌握 PLC 技术，特编写本书。

在本书的编写过程中，主要贯彻了以下编写原则。

（1）根据职业岗位需求入手，精选教材内容。本书以西门子 S7-200 系列 PLC 为例，主要介绍了 PLC 的基本知识、基本指令、功能指令、实例应用等，并在此基础上，深入浅出地介绍了相关的经典控制程序。

（2）本书突出以"识图"为线索。书中通过用不同形式的图片和表格，让读者轻松、快速、直观地识读 PLC 的编程与应用，尽快适应电气工作岗位的需要，掌握 PLC 知识。

本书突出自学电工技术的特色，可作为初、中、高等电气技术人员指导用书和中等职业学校、高职院校电类专业参考用书。

本书由李长军主编、周华副主编，卢强、关开芹、肖云、郭庆玲、李长城参编。

由于作者的水平和经验有限，书中存在不足、缺点和错误，真诚地希望广大读者对本书提出宝贵的意见和建议。

目　录

第七章　掌握电动机的PLC控制

第一章

认 识 PLC

第一节 PLC 的基本组成

1969 年，美国数字设备公司（DEC）研制出了世界上第一台可编程控制器（PLC），并在美国通用汽车公司（GM）的汽车生产线上首次应用成功，实现了工业生产的自动化。随着电子技术和计算机技术的发展，PLC 也在不断完善中。近年来，PLC 集电控、电仪、电传于一体，性能更加优越，已成为自动化工程的核心设备，如图 1-1 所示。

国际电工委员会（IEC）对 PLC 进行了定义：可编程控制器（PLC）是一种数字运算操作的电子系统，专为在工业环境下应用而设计。它采用可编程序的存储器，用来在其内部存储执行逻辑运算、顺序控制、定时、计数和算术运算等操作的指令，并通过数字的、模拟的输入和输出，控制各种类型的机械或生产过程。可编程序控制器及其有关设备，都应按易于与工业控制系统形成一个整体，易于扩充其功能的原则设计。

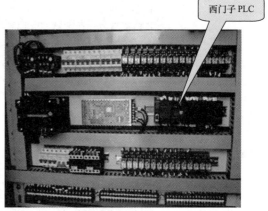

图 1-1　PLC 在工业生产设备中的应用

一、PLC 的面板介绍

学习 PLC 首先认识 PLC 的外形，认识面板、型号及端子等。下面认识三菱 FX_{2N} 系列 PLC 和西门子 S7-200 系列 PLC 的面板。

1. 三菱 FX 系列 PLC

FX_{2N}-32MR 小型 PLC 面板可以分为四部分，分别是输入接线端、输出接线端、操作面板和状态指示栏，如图 1-2 所示。

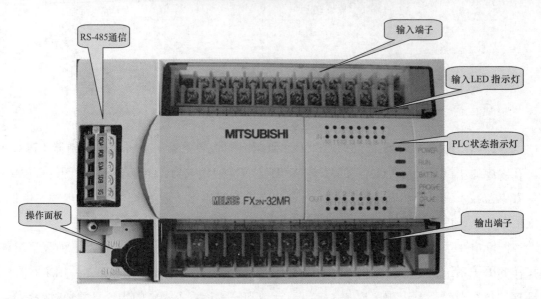

图 1-2　FX$_{2N}$-32MR 小型 PLC 面板

（1）型号介绍。三菱 FX 系列 PLC 型号命名说明具体如下：

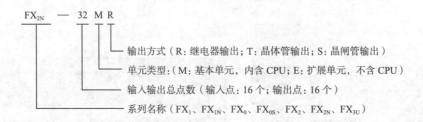

$$FX_{2N} \quad — \quad 32 \quad M \quad R$$

输出方式（R：继电器输出；T：晶体管输出；S：晶闸管输出）

单元类型（M：基本单元，内含 CPU；E：扩展单元，不含 CPU）

输入输出总点数（输入点：16 个；输出点：16 个）

系列名称（FX$_1$、FX$_{1N}$、FX$_0$、FX$_{0S}$、FX$_2$、FX$_{2N}$、FX$_{3U}$）

（2）输入接线端。输入接线端可分为电源输入端、电源输出端、输入公共端（COM）和输入接线端子（X）三部分，如图 1-3 所示。

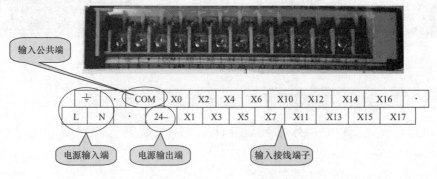

| ⏚ | · | COM | X0 | X2 | X4 | X6 | X10 | X12 | X14 | X16 | · |
| L | N | · | 24– | X1 | X3 | X5 | X7 | X11 | X13 | X15 | X17 | |

输入公共端

电源输入端　　电源输出端　　输入接线端子

图 1-3　PLC 输入接线端

电源输入端: 接线端子 L 接电源的相线，N 接电源的中线，PE 接地。电源电压一般为交流电，单相，50Hz，100 ~ 240V，为 PLC 提供工作电压。

电源输出端: 为传感器或其他小容量负载的供给电源，24V 直流电。

输入接线端子和公共端子: 在 PLC 控制系统中，各种按钮、形成开关和传感器等主令电器直接接到 PLC 输入接线端子和公共端之间。PLC 每个输入接线端子的内部都对应一个输入继电器，形成输入接口电路，如图 1-4 所示。

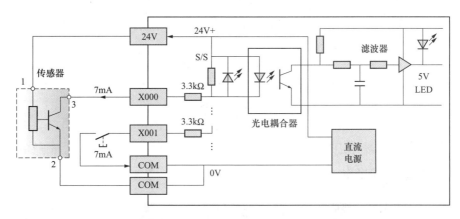

图 1-4　PLC 输入接口电路

（3）输出接线端。PLC 输出接线端分为公共端（COM）和输出接线端子（Y），如图 1-5 所示。

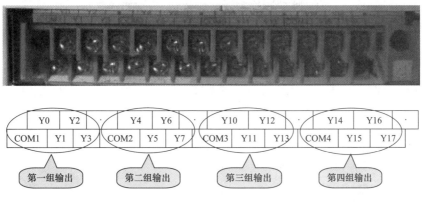

	Y0	Y2	.		Y4	Y6			Y10	Y12	.		Y14	Y16	.
COM1	Y1	Y3		COM2	Y5	Y7		COM3	Y11	Y13		COM4	Y15	Y17	

第一组输出　　第二组输出　　第三组输出　　第四组输出

图 1-5　PLC 输出接线端

输出接线端子和公共端子：FX$_{2N}$-32MR PLC 共有 16 个输出端子，分别与不同的 COM 端子组成一组，可以接不同电压等级的负载，如图 1-5 所示。在 PLC 内部，几个输出 COM 端之间没有联系。PLC 每个输出接线端子的内部都对应一个输出继电器，形成输出接口电路，如图 1-6 所示。

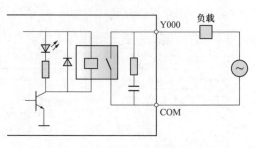

图 1-6　PLC 输出接口电路

（4）操作面板。操作面板包括 PLC 工作方式选择开关、可调电位器、通信接口、选件连接插口四部分，如图 1-7 所示。

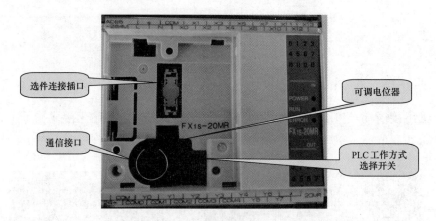

图 1-7　PLC 操作面板

PLC 工作方式选择开关：有 RUN 和 STOP 两挡。

可调电位器：用于调整定时器设定的时间。

通信接口：用于 PLC 与电脑的连接通信。

选件连接插口：用于连接存储盒、技能扩展板等。

（5）状态指示栏。状态指示栏分为输入状态指示、输出状态指示、运行状态指示三部分，如图 1-8 所示。

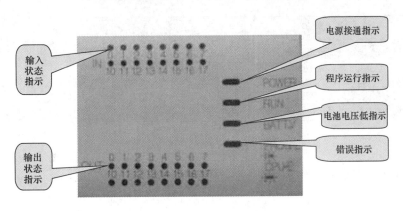

图 1-8 PLC 状态指示栏

输入状态指示：当输入端子有信号输入时，对应的 LED 灯亮。

输出状态指示：当输出端子有信号输出时，对应的 LED 灯亮。

运行状态指示：POWER LED 亮，表示 PLC 已接通电源；RUN LED 亮，表示 PLC 出于运行状态；BATTV LED 亮，表示 PLC 电池电压低。

PROG-E：PLC 程序错误时指示灯会闪烁，CPU 错误时指示灯亮。

2. 西门子 S7-200 系列 PLC

图 1-9 为 S7-200CPU226 模块实物图，下面来认识一下西门子 S7-200CPU226 模块。

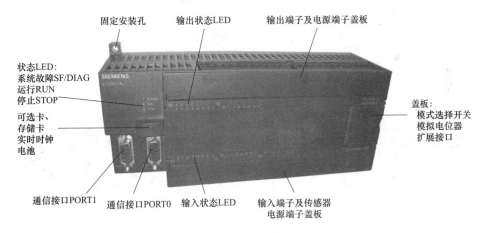

图 1-9 CPU226 模块实物图

（1）CPU 模块的型号，如图 1-10 所示。每一种型号的 CPU 模块都有直流 24V 和交流 120 ~ 220V 两种电源供电的类型。例如，CPU224 有 CPU224DC/DC/DC 和 CPU224AC/DC/RLQ 两种类型。其中，DC/DC/DC 说明是 24V 直流电源供电、直流数字量输入、晶体管直流数字量输出；AC/DC/RLQ 说明是交流电源供电、直流数字量输入、继电器数字量输出。

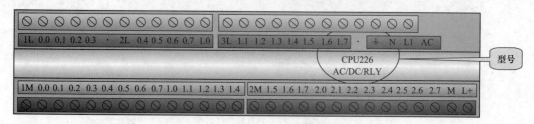

图 1-10　PLC 的 CPU 模块型号

CPU226 模块上标注 "AC/DC/RLY" 的含义：AC 表示供电电源电压为交流 220V；DC 表示输入端的电源电压为直流 24V；RLY 表示继电器输出。

（2）输入与输出（I/O）接线端子。在 CPU 模块的面板底部和顶部都有一排接线端子。底部一排接线端子是输入信号的接入端子及传感器电源端子。顶部一排接线端子是输出信号的输出端子及 PLC 的供电电源端子。

图 1-11 为 CPU226 模块的电源及 I/O 接线端子示意图。

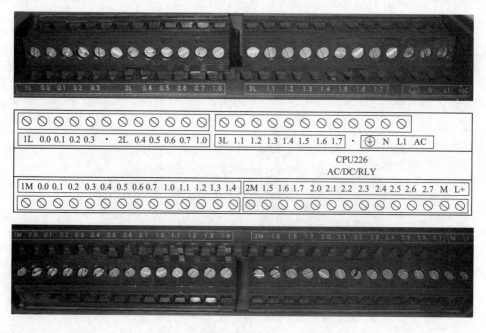

图 1-11　CPU226 模块的电源及 I/O 接线端子

CPU226 模块 I/O 端子共有 40 个，输入点有 24 个（I0.0 ～ I0.7、I1.0 ～ I1.7 及 I2.0 ～ I2.7）和 16 个输出点（Q0.0 ～ Q0.7 和 Q1.1 ～ Q1.7）。在编写端子代码时采用八进制，没有 0.8、0.9、1.8、1.9 等。

（1）输入端子。

1）I0.0 ~ I1.4：第一组输入继电器端子。

2）I1.5 ~ I2.7：第二组输入继电器端子。

3）1M、2M：第一、二组输入继电器的公共端口。

（2）传感器电源接线。

1）M：内部直流24V电源负极，接外部传感器负极或输入继电器公共端。

2）L+：内部直流24V电源正极，为外部传感器或输入继电器供电。

（3）输出端子。

1）Q0.0 ~ Q0.3：第一组输出继电器端子。

2）Q0.4 ~ Q1.0：第二组输出继电器端子。

3）Q1.1 ~ Q1.7：第三组输出继电器端子。

4）1L、2L、3L：第一、二、三组输出继电器的公共端口。输出各组之间是相互独立的，负载可以使用多个电压系列（如AC 220V、DC 24V等）。

5）●：带黑点的端子上不要外接导线，以免损坏PLC。

（4）PLC电源接线。

⏚：接地线；N：中线；L1：电源相线，交流电压为85 ~ 265V。

（3）I/O状态指示灯与运行状态指示灯。

1）在CPU模块的面板下方、上方分别有一排状态指示灯（LED），分别指示输入和输出的逻辑状态。当输入或输出为高电平时，LED亮，否则不亮。

2）在CPU模块的左侧有3个运行状态指示灯（LED），分别指示系统故障/诊断（SF/DIAG）状态、运行（RUN）状态和停止（STOP）状态。

（4）S7-200CPU的工作模式。S7-200CPU的工作模式有停止（STOP）模式和运行（RUN）模式两种。要改变工作模式有以下3种方法。

1）使用CPU模块上的模式开关。揭开CPU模块的前盖，模式开关有3个挡位：RUN、TERM（终端）和STOP。开关拨到RUN时，CPU模块运行程序，即PLC按照扫描周期循环执行用户程序，此时不能向PLC写入程序；开关拨到STOP时，CPU模块停止运行程序，即PLC停止执行用户程序，此时可以利用编程设备向PLC写入程序，也可以利用编程设备检查用户存储器内容、改变存储器内容、改变PLC的各种设置；开关拨到TERM时，不改变当前操作模式，此模式多数用于联网的PLC网络或现场调试。如果需要CPU模块上电时自动运行程序，模式开关必须在RUN位置。

2）将模式开关拨到 RUN 或 TERM 时，可以由 STEP7-Micro/WIN V4.0 编程软件控制 CPU 模块的运行和停止。

3）在程序中插入 STOP 指令，可以在条件满足时将 CPU 模块设置为停止模式。

（5）通信端口和扩展 I/O 端口。在 CPU 模块左侧的通信端口是连接编程器或其他外部设备的接口，S7-200 系列 PLC 的通信端口为 RS-485 口。扩展 I/O 端口位于 CPU 模块右侧的前盖下面，如图 1-12 所示，它是连接各种扩展模块的接口。

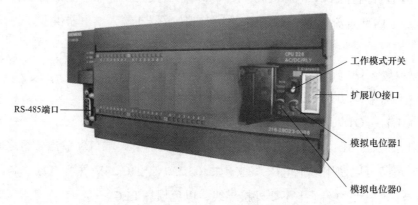

图 1-12　CPU226 模块的前盖下的布局

（6）模拟电位器。揭开 CPU 模块右侧的前盖就会看到一个或两个模拟电位器，如图 1-12 所示。调节这些电位器可以改变特殊存储器 SMB28 和 SMB29 这两个字节中的值，以改变程序运行时的参数。如定时器、计数器的预置值、过程量的控制参数等。

（7）可选卡插槽与可选卡。

在 CPU 模块的左侧有一个可选卡插槽。根据需要，可选卡插槽可以插入下述 3 种卡中的一种：存储卡、电池卡、日期 / 时钟电池卡。

存储卡 MC291 提供 EEPROM 存储单元。在 CPU 模块上插入存储卡后，就可使用编程软件 STEP 7-Micro/WIN V4.0 将 CPU 模块中的存储内容（系统块、程序块和数据块等）复制到卡上；或将存储卡插到其他 CPU 模块上，通电时存储卡中的内容会自动复制到 CPU 模块中。用存储卡传递程序时，被写入的 CPU 模块必须与提供程序来源的 CPU 模块相同或者为更高型号。

电池卡 BC293 是为所有型号的 CPU 模块提供数据保持的后备电池，该电池在内置的超级电容放电完毕后起作用。

日期 / 时钟电池卡 CC292 用于 CPU221 和 CPU222 两种不具备内置时钟功能的 CPU 模块，以提供日期 / 时钟功能，同时提供后备电池。日期 / 时钟电池卡能够保持数据和内置时钟长达 200 天。

二、PLC的基本结构

PLC 实质上是一种工业控制计算机，有着与通用计算机相类似的结构，PLC 也是由硬件和软件两大部分组成的。

1. PLC 硬件结构

PLC 硬件结构主要由中央处理器（CPU）、存储器、输入／输出单元（I/O接口）、扩展接口、通信接口及电源等组成，如图 1-13 所示。

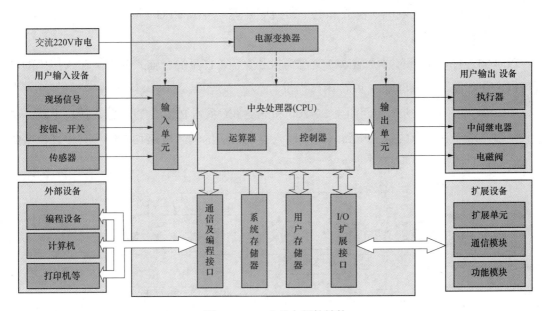

图 1-13　PLC 基本硬件结构

（1）中央处理器 CPU。CPU 是 PLC 的核心部件，由运算器和控制器组成。CPU 由通用微处理器、单片机或位片式微处理器组成。它通过控制总线、地址总线和数据总线与存储器、输入／输出单元和通信接口等建立联系。主要用于接收并存储从编程器输入的用户程序；检查编程过程是否出错；进行系统诊断；解释并执行用户程序；完成通信及外设的某些功能。

（2）存储器。PLC 中的存储器主要有系统程序存储器、用户程序存储器以及工作数据存储器三种。

1）系统程序存储器。用于存放系统程序，这些程序在 PLC 出厂前就已经固化到只读存储器 ROM 中。第一部分为系统管理程序；第二部分为用户指令解释程序；第三部分为标准程序模块与系统调用程序。

2）用户程序存储器。用于存储 PLC 用户的应用程序，在调试阶段，用户程序存放在读写存储器 RAM 中，可由备用电池（一般为锂电池）保存 2 ~ 3 年。

3）工作数据存储器。工作数据存储器用来存储工作数据，即用户程序中使用的 ON/OFF 状态、数值数据等。

（3）输入/输出单元（I/O 接口）。输入/输出单元通常也称为输入/输出接口（I/O 接口），是 PLC 与工业生产现场设备之间的连接部件。

1）输入接口。用来接收和采集用户输入设备发出的信号，输入信号主要有两种类型，一类是由按钮、选择开关、行程开关、继电器触点、接近开关、光电开关、数字拨码开关等开关量输入信号；另一类是由电位器、测速发电机和各种变送器等送来的模拟量输入信号。这些信号经过光电隔离、滤波和电平转换等处理，变成 CPU 能够接收和处理的信号，并送给输入映像寄存器。

PLC 输入接口电路有直流输入、交流输入和交流/直流混合输入三种。输入接口的电源可以由外部提供，也可以由 PLC 内部提供。

图 1-14 和图 1-15 所示为西门子 S7-200 和三菱 FX 系列 PLC 的直流输入接口电路，图中只画出对应于一个点的输入电路，各个输入点所对应的输入电路均相同。其中直流电源由外接提供，极性可以为任意极性。

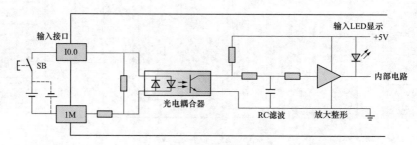

图 1-14　西门子 S7-200 系列 PLC 直流输入接口电路

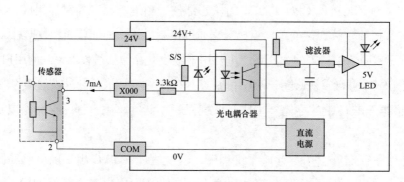

图 1-15　FX 系列 PLC 直流输入接口电路

2）输出接口。输出接口是将经过 CPU 处理的信号通过光电隔离和功率放大等处理，转换成外部设备所需要的驱动信号（数字量输出或模拟量输出），以驱动外部各种执行设备，如接触器、指示灯、报警器、电磁阀、电磁铁、调节阀、调速装置等设备。

　　输出接口电路就是 PLC 的负载驱动回路。为适应实际设备控制的需要，输出接口的形式有继电器输出型、场效应晶体管输出型及双向晶闸管输出型三种，如图 1-16 所示。为提高 PLC 抗干扰能力，每种输出电路都采用了光电或电气隔离技术。

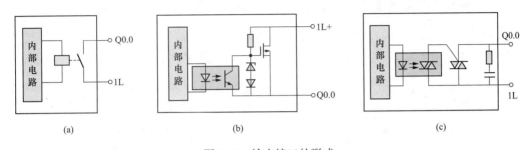

图 1-16　输出接口的形式

（a）继电器输出；（b）场效应晶体管输出；（c）双向晶闸管输出

　　图 1-16（a）所示继电器输出型为有触点的输出方式，既可驱动直流负载，又可驱动交流负载，驱动负载的能力在 2A 左右。其优点是适用电压范围比较宽，导通压降小，承受瞬时过电压和过电流的能力强。缺点是动作速度较慢，响应时间长，动作频率低。建议在输出量变化不频繁时优先选用，不能用于高速脉冲的输出。其电路工作原理是：当内部电路的状态为"1"时，使继电器线圈得电，产生电磁吸力，触点闭合，则负载得电，同时点亮输出指示灯 LED（图中负载、输出指示灯 LED 未画出），表示该路输出点有输出。当内部电路的状态为"0"时，继电器 K 的线圈无电流，触点断开，则负载失电，同时 LED 熄灭，表示该路输出点无输出。

　　图 1-16（b）所示为场效应晶体管输出形式，只可驱动直流负载。驱动负载的能力是每一个输出点为 750mA。其优点是可靠性强，执行速度快，寿命长。缺点是过载能力差。场效应晶体管适用高速（可达 20kHz）、小功率直流负载。其电路工作原理是：当内部电路的状态为 1 时，光电耦合器导通，使双极型晶体管饱和导通，场效应晶体管也饱和导通，则负载得电，同时点亮 LED（图中负载、LED 未画出），表示该路输出点有输出。当内部电路的状态为 0 时，光电耦合器断开，双极型晶体管截止，场效应晶体管也截止，则负载失电，LED 熄灭，表示该路输出点无输出。图中的稳压管用来抑制关断过电压和外部的浪涌电压，以保护场效应晶体管。

　　图 1-16（c）所示为双向晶闸管输出形式，适合驱动交流负载，驱动负载的能力为 1A 左右。由于双向晶闸管和双极型晶体管同属于半导体材料元件，所以优缺点与双极型晶体管输出形式的相似。双向晶闸管输出形式适用高速、大功率交流负载。其电路工作原理是：当内部电路的状态为 1 时，发光二极管导通发光，双向二极管导通，给双向晶闸管施加了触发信号，无论外接电源极性如何，双向晶闸管均导通，负载得电，同时输出指示灯

LED点亮（图中负载、输出指示灯LED未画出），表示该输出点接通；当内部电路的状态为0时，双向晶闸管无触发信号，双向晶闸管关断，此时负载失电，LED熄灭，表示该路输出点无输出。

（4）扩展接口。扩展接口用来扩展PLC的I/O端子数，当用户所需要的I/O端子数超过PLC基本单元（即主机，带CPU）的I/O端子数时，可通过此接口用扁平电缆线将I/O扩展接口（不带有CPU）与PLC基本单元相连接，以增加PLC的I/O端子数，从而适应控制系统的要求。其他很多智能单元也通过该接口与PLC基本单元相连。

（5）通信接口。通信接口是专用于数据通信的，主要实现"人–机"对话。PLC通过通信接口可与打印机、监视器以及其他的PLC或计算机等设备实现通信。

（6）电源。PLC的电源（如图1-17所示）是指将外部输入的电源处理后转换成满足PLC的CPU、存储器、输入/输出接口等内部电路工作需要的直流5V电源电路或电源模块。另一方面可为外部输入元件提供直流24V标准电源，而驱动PLC负载的电源由用户提供。

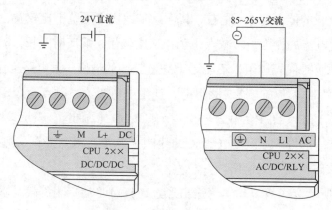

图1-17　PLC供电形式

2. PLC软件

PLC软件由系统程序和用户程序组成。

（1）系统程序。系统程序由PLC制造厂商采用汇编语言设计编写的，固化于ROM型系统程序存储器中，用于控制PLC本身的运行，用户不能直接读写与更改。系统程序分为系统管理程序、用户指令解释程序、标准程序模块和系统调用程序。

（2）用户程序。用户程序是用户为完成某一控制任务而利用PLC的编程语言编制的程序。由于PLC是专门为工业控制而开发的器件，其主要使用者是广大电气技术人员，为了适应他们的传统习惯和掌握能力，PLC的编程语言采用比计算机语言相对简单、易懂、形象的专用语言。PLC的主要编程语言有梯形图和语句表等。

第二节 PLC 的 工 作 原 理

一、PLC的工作过程

PLC 在本质上虽然是一台微型计算机，工作原理与普通计算机类似，但是 PLC 的工作方式却与计算机有很大的不同。计算机一般采用等待输入—响应（运算和处理）—输出的工作方式，如果没有输入，就一直处于等待状态。而 PLC 采用的是周期性循环扫描的工作方式，每一个周期要做完全相同的工作，与是否有输入或输入是否变化无关。

PLC 的工作过程一般包括内部处理、通信操作、输入处理、程序执行、输出处理五个阶段，如图 1-18 所示。

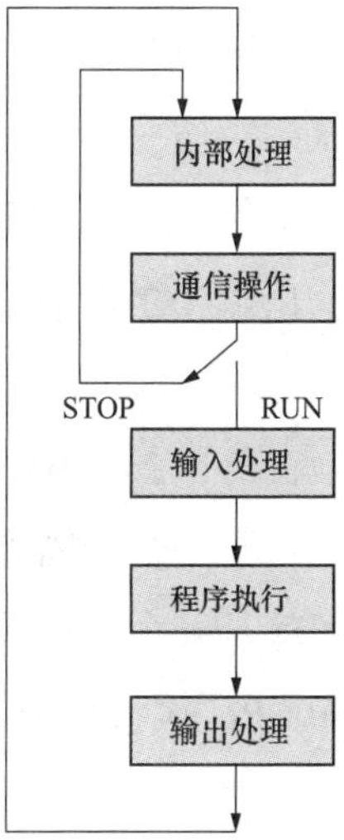

1. 内部处理

PLC 检查 CPU 模块内部的硬件是否正常，进行监控、定时器复位等工作。在运行模式下，还要检查用户程序存储器，如果发现异常，则停止并显示错误。若自诊断正常，继续向下扫描。

2. 通信操作

在通信操作阶段，CPU 自检并处理各通信端口接收到的任何信息，完成数据通信服务。即检查是否有计算机、编程器的通信请求，若有则进行相应处理。

3. 输入处理

输入处理阶段又称输入采样阶段。在此阶段，按顺序扫描输入端子，把所有外部输入电路的接通 / 断开状态读入到输入映像寄存器，输入映像寄存器被刷新。

图 1-18 PLC 的工作过程

4. 程序执行

用户程序在 PLC 中是顺序存放的。在程序执行阶段，在无中断或跳转指令的情况下，CPU 根据用户程序从第一条指令开始按自上而下、从左至右的顺序逐条扫描执行。

5. 输出处理

当所有指令执行完毕后，进入输出处理阶段，又称输出刷新阶段。CPU 将输出映像寄存器中的内容集中转存到输出锁存器，然后传送到各相应的输出端子，最后再驱动外部负载。

PLC有两种工作模式，即运行（RUN）模式和停止（STOP）模式。运行模式是执行应用程序的过程。停止状态一般用于程序的编制与修改。

当PLC工作方式开关置于RUN时，执行所有阶段；当PLC工作方式开关置于STOP时，不执行后三个阶段，此时可进行通信操作，对PLC编程等。

二、PLC用户程序的执行过程

在运行模式下，PLC对用户程序重复地执行输入处理、程序执行、输出处理三个阶段，如图1-19所示，图中的序号表示图中梯形图程序的执行顺序。

在用户程序执行过程中，输入映像寄存器的内容，由上一个输入采样期间输入端子的状态决定。输出映像寄存器的状态，由程序执行期间的执行结果所决定，随程序执行过程而变化。输出锁存器的状态，由程序执行期间输出映像寄存器的最后状态来确定。各输出端子的状态，由输出锁存器确定。程序如何执行，取决于输入、输出映像寄存器的状态。

在每次扫描中，PLC只对输入采样一次，输出刷新一次，这可以确保在程序执行阶段，在同一个扫描周期的输入映像寄存器和输出锁存器中的内容保持不变。每重复一次的时间就是一个扫描周期，其典型值为1～100ms。扫描周期与用户程序的长短、指令的种类和CPU执行指令的速度有很大的关系。

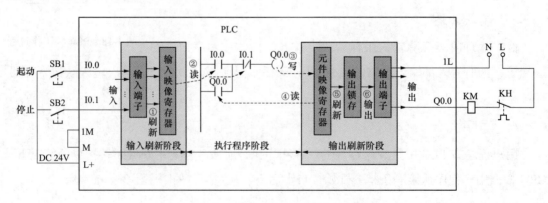

图1-19　PLC用户程序的执行过程

第三节 PLC 的编程语言与程序结构

一、编程语言

PLC 为用户提供了完整的编程语言，以适应编制用户程序的需要。PLC 提供的编程语言通常有梯形图（LAD）、指令表（ST）、顺序功能流程图（SFC）和功能块图（FBD）等几种。下面以 S7-200 系列 PLC 为例加以介绍。

1. 梯形图

梯形图（LAD）是国内使用得最多的图形编程语言，被称为 PLC 的第一编程语言。它沿用了电气工程师熟悉的传统的继电器控制电路图的形式和概念，其基本控制思想与继电器控制电路图很相似，只是在使用符号和表达方式上有一定区别。如图 1-20 所示是一个典型的梯形图。

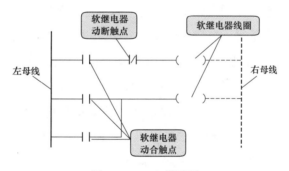

图 1-20 PLC 梯形图

梯形图的结构形式是由两条母线（左右两条垂直的线）和两母线之间的逻辑触点和线圈按一定结构形式连接起来类似于梯子的图形（也成为程序或电路）。梯形图直观易懂，很容易掌握，为了更好地理解梯形图，这里把 PLC 与继电器控制电路的相对比的介绍，重点理解几个与梯形图相关的概念。

表 1-1 给出了 PLC 与继电器控制电路的图形符号对照关系。梯形图常被称为电路或程序，梯形图的设计称为编程。

表1-1

PLC与继电器控制电路中的图形符号对照

触点、线圈	继电器符号	PLC符号
动合触点		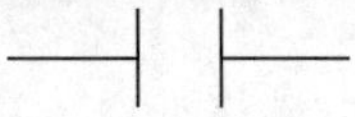
动断触点		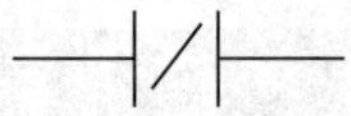
线圈	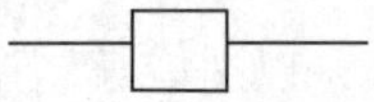	

（1）软继电器（即映像寄存器）。PLC梯形图中的某些编程元件沿用了继电器这一名称，如输入继电器、输出继电器、内部辅助继电器等，但是它们不是真实的物理继电器，而是一些存储单元（软继电器），每一软继电器与PLC存储器中映像寄存器的一个存储单元相对应。该存储单元如果为"1"状态，则表示梯形图中对应软继电器的线圈"通电"，其动合触点接通，动断触点断开，称这种状态是该软继电器的"1"或"ON"状态。如果该存储单元为"0"状态，对应软继电器的线圈和触点的状态与上述的相反，称该软继电器为"0"或"OFF"状态。使用中也常将这些"软继电器"称为编程元件。

（2）能流。当触点接通时，有一个假想的"概念电流"或"能流"（Power Flow）从左向右流动，这一方向与执行用户程序时的逻辑运算的顺序是一致的。能流只能从左向右流动。利用能流这一概念，可以帮助我们更好地理解和分析梯形图。

（3）母线。梯形图两侧的垂直公共线称为母线（Bus Bar）。在分析梯形图的逻辑关系时，为了借用继电器电路图的分析方法，可以想象左右两侧母线（左母线和右母线）之间有一个左正右负的直流电源电压，母线之间有"能流"从左向右流动。右母线可以不画出。

（4）梯形图的逻辑运算。根据梯形图中各触点的状态和逻辑关系，求出与图中各线圈对应的编程元件的状态，称为梯形图的逻辑运算。梯形图中逻辑运算是按从左至右、从上到下的顺序进行的。运算的结果马上可以被后面的逻辑运算所利用。逻辑运算是根据输入映像寄存器中的值，而不是根据运算瞬时外部输入触点的状态来进行的。

2. 指令表

指令表（STL）编程语言类似于计算机中的助记符语言，它是可编程序控制器最基础的编程语言。所谓指令表编程，是用一个或几个容易记忆的字符来代表可编程序控制器的某种操作功能。图1-21所示是一个简单的PLC程序，图1-21（a）是梯形图程序，图1-21

（b）是相应的指令表。一般来说，指令表编程适合于熟悉 PLC 和有经验的程序员使用。

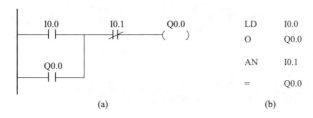

图 1-21 一个简单的 PLC 程序

（a）梯形图程序；（b）指令表

3. 顺序功能流程图

顺序功能流程图（SFC）编程是一种图形化的编程方法，亦称功能图，如图 1-22 所示。使用它可以对具有并行、选择等复杂结构的系统进行编程，许多 PLC 都提供了用于 SFC 编程的指令。目前，国际电工协会（IEC）也正在实施并发展这种语言的编程标准。

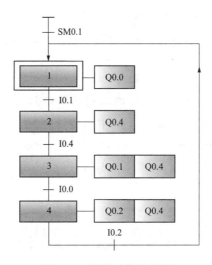

图 1-22 顺序功能流程图

4. 功能块图

S7-200 系列 PLC 专门提供了功能块图（FBD）编程语言，利用 FBD 可以查看到像普通逻辑门图形的逻辑盒指令。它没有梯形图编程器中的触点和线圈，但有与之等价的指令，这些指令是作为盒指令出现的，程序逻辑由这些盒指令之间的连接决定。也就是说，一个指令（如 AND 盒）的输出可以用来允许另一条指令（如定时器），这样可以建立所需要的控制逻辑。这样的连接思想可以解决范围广泛的逻辑问题。FBD 编程语言有利于程序流的跟踪，但在目前使用较少。如图 1-23 所示是 FBD 的一个简单实例。

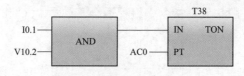

图 1-23　FBD 编程实例

二、程序结构

以 S7-200PLC 为例，PLC 的控制程序由主程序、子程序和中断程序组成。

1. 主程序

主程序（OB1）是程序的主体，每一个项目都必须并且只能有一个主程序，在主程序中可以调用子程序和中断程序。

主程序通过指令控制整个应用程序的执行，每次 CPU 扫描都要执行一次主程序。STEP7-MicroWIN V4.0 的程序编辑器可以选择不同的程序。

2. 子程序

子程序（SBR0）是一个可选的指令集合，仅在被其他程序调用时执行。同一子程序可以在不同的地方被多次调用，使用子程序可以简化程序代码和减少扫描时间。

3. 中断程序

中断程序（INT0）是指令的一个可选集合，中断程序不是被主程序调用，它们在中断事件发生时由 PLC 的操作系统调用。中断程序用来处理预先规定的中断事件，因为不能预知何时会出现中断事件，所以不允许中断程序改写可能在其他程序中使用的存储器。

第四节　编程软件安装与使用

由于 PLC 类型较多，不同机型对应的编程软件存在一定的差别，特别是不同厂家的 PLC 之间，它们的编程软件不能通用。STEP 7-Micro/WIN V4.0 编程软件是基于 Windows 的应用软件，由西门子公司专为 SIMATIC S7-200 系列可编程序控制器研制开发。目前推出的 STEP 7-Micro/WIN V4.0 版编程软件专门适用于最新的 S7-200 型 PLC。该软件功能强大，界面友好，有联机帮助功能，既可用于开发用户程序，又可实时监控用户程序的执行状态。

一、STEP 7-Micro/WIN V4.0编程软件的安装要求

运行 STEP 7-Micro/WIN V4.0 编程软件的计算机系统要求如下。

（1）计算机配置：IBM486 以上兼容机，内存 8MB 以上，VGA 显示器，至少 50MB 以上硬盘空间。

（2）操作系统：Windows95 以上的操作系统。

二、STEP 7-Micro/WIN V4.0编程软件的安装步骤

STEP 7-Micro/WIN V4.0 编程软件可以从西门子公司互联网站（www.ad.siemens.com. cn）免费下载，也可以用光盘安装，安装步骤如下。

（1）双击 STEP 7-Micro/WIN V4.0 的安装程序 setup.exe，开始安装。

（2）出现"选择设置语言"对话框，选择"英语"，单击"确定"按钮，如图 1-24 所示。

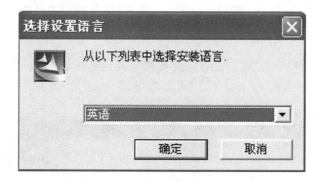

图 1-24　选择语言

（3）出现安装向导界面，如图 1-25 所示，单击"Next"按钮。

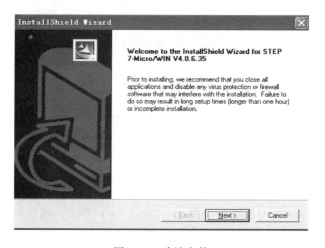

图 1-25　确认安装

（4）出现安装协议界面，如图 1-26 所示，单击"Yes"按钮。

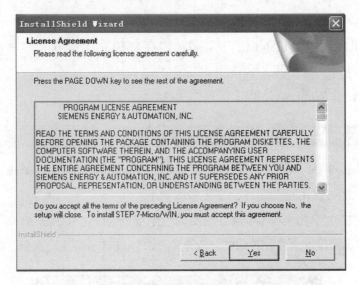

图 1-26　接受安装协议

（5）如图 1-27 所示，选择安装路径及名称，确认后单击"Next"按钮。该文件夹为今后的默认路径。

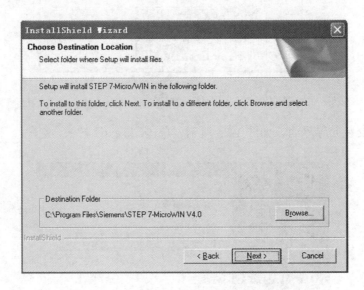

图 1-27　选择安装目录

（6）安装进行中，如图 1-28 所示。

（7）出现"Set PG/PC Interface"窗口，如图 1-29 所示。确认"PC/PPI cable（PPI）"后，单击"OK"按钮。

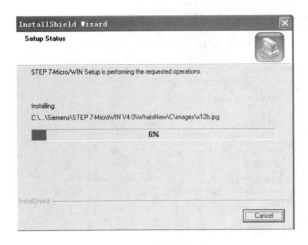
图 1-28　安装进行中

图 1-29　选择通信功能

（8）安装完成，如图 1-30 所示。

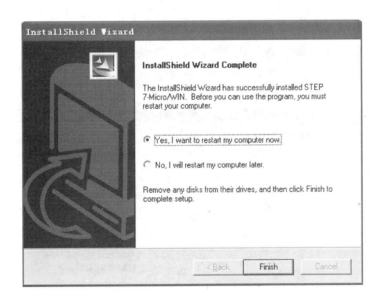

图 1-30　安装完成界面

（9）默认选项是"Yes，I want to restart my computer now."，建议用户选择默认选项，单击"Finish"按钮，自动重新启动计算机，以完成程序的安装。重新启动 Windows 后，桌面上增加了相关软件的快捷方式，表明已经成功安装了 STEP 7-Micro/WIN V4.0 软件。双击桌面上 STEP 7-Micro/WIN V4.0 软件的快捷方式图标，则出现如图 1-31 所示的 STEP 7-Micro/WIN V4.0 初始英文界面。

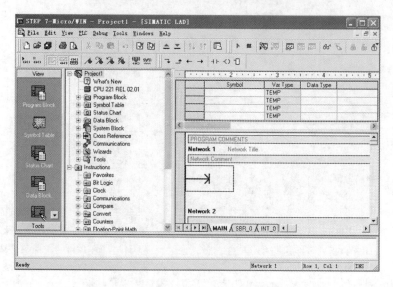

图 1-31　STEP 7-Micro/WIN V4.0 初始英文界面

（10）转换成中文界面，可以选择"Tools"——→"Options"，在 Options 树中选择"General"，在"General"选项卡的"Language"列表中选择"Chinese"，如图 1-32 所示，单击"OK"按钮，根据提示完成相关步骤，则会退出初始英文界面。

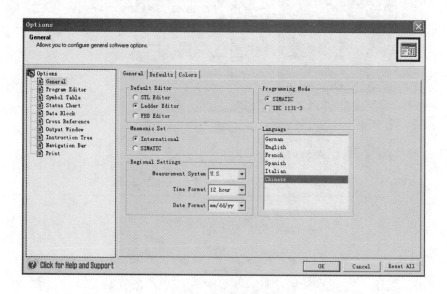

图 1-32　设置所需要的语言

（11）重新打开桌面上的 STEP 7-Micro/WIN V4.0 编程软件，就会出现 STEP 7-Micro/WIN V4.0 编程软件的中文界面，如图 1-33 所示。

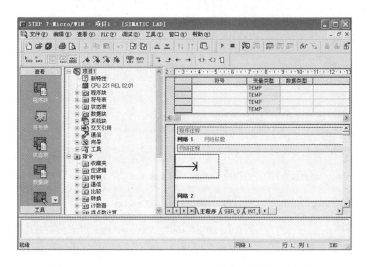

图 1-33　STEP 7-Micro/WIN V4.0 编程软件中文界面

三、STEP 7-Micro/WIN V4.0 编程软件主界面

单击窗口上 STEP 7-Micro/WIN V4.0 的图标 [图标]，打开一个新的项目，显示如图 1-34 所示的 STEP 7-Micro/WIN V4.0 编程软件的主界面。

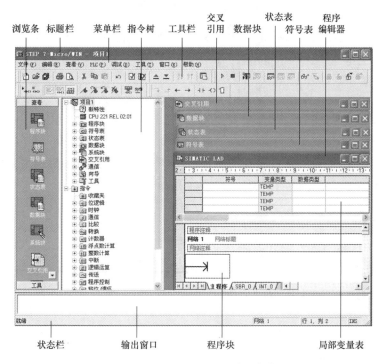

图 1-34　STEP 7-Micro/WIN V4.0 编程软件的主界面

STEP 7-Micro/WIN V4.0 编程软件的主界面一般可以分成以下几个区：标题栏、菜单

栏（包含 8 个主菜单项）、工具栏（快捷按钮）、浏览条（快捷操作窗口）、指令树（快捷操作窗口）、输出窗口、状态栏和用户窗口（可同时或分别打开 5 个用户窗口）。除菜单栏外，用户可以根据需要决定其他窗口的取舍和样式。

1. 菜单栏

菜单栏共有 8 个主菜单选项，可以单击或采用按键执行操作各种命令，还可以定制"工具"菜单，在该菜单中增加命令和工具。菜单栏中各单项功能如下。

（1）文件（File）菜单项可完成如新建、打开、关闭、保存文件、导入和导出、上载和下载程序、文件的页面设置、打印预览和打印设置等操作。

（2）编辑（Edit）菜单项提供编辑程序用的各种工具，可实现如选择、剪切、复制、粘贴程序块或数据块的操作，以及查找、替换、插入、删除和快速光标定位等功能。

（3）视图（View）菜单项可以设置编程软件的开发环境，如打开和关闭其他辅助窗口（如引导窗口、指令树窗口、工具栏按钮区），执行引导条窗口的所有操作项目，选择不同语言的编程器（LAD、STL 或 FBD），设置 3 种程序编辑器的风格（如字体、指令盒的大小等）。

（4）可编程序控制器（PLC）菜单项用于实现与 PLC 联机时的操作，如改变 PLC 的工作方式、在线编译、清除程序和数据、查看 PLC 的信息，以及 PLC 的类型选择和通信设置等。

（5）调试（Debug）菜单项用于联机调试。

（6）工具（Tools）菜单项可以调用复杂指令（如 PID 指令、NETR/NETW 指令和 HSC 指令），安装文本显示器 TD200，改变用户界面风格（如设置按钮及按钮样式、添加菜单项），用"选项"子菜单可以设置三种程序编辑器的风格（如语言模式、颜色等）。

（7）窗口（Windows）菜单项的功能是打开一个或多个窗口，并进行窗口间的切换。可以设置窗口的排放方式（如水平、垂直或层叠）。

（8）帮助（Help）菜单项可以方便地检索各种帮助信息，还提供网上查询功能。而且在软件操作过程中，可随时按 F1 键来显示在线帮助。

2. 工具栏

工具栏是一种代替命令或下拉菜单的便利工具，如图 1-35 所示，它将 STEP 7-Micro/WIN V4.0 编程软件最常用的操作以按钮形式添加到工具栏中，以提供简便的鼠标操作。用户可以定制每个工具栏的内容和外观，还可以用鼠标拖动工具栏，放到用户认为合适的位置。

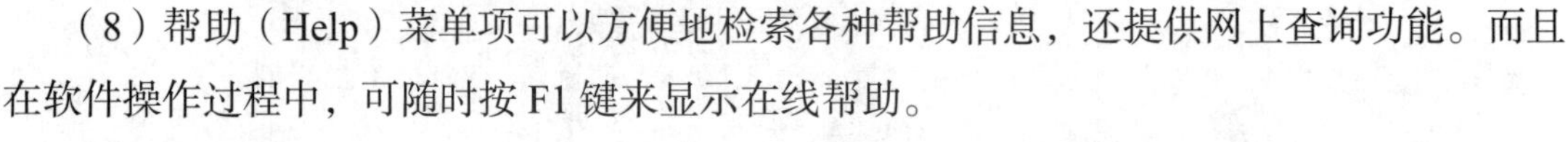

图 1-35　工具栏

可以用"查看"菜单中的"工具栏"选项来显示或隐藏4种按钮：标准、调试、公用和指令。4种按钮分别如图1-36～图1-39所示。

标准工具栏中的按钮依次是：新建项目、打开项目、保存项目、打印、打印预览、剪切、复制、粘贴、撤消、编译、全部编译、上载、下载、升序排列、降序排列和选项，如图1-36所示。

图1-36 标准工具栏

调试工具栏中的按钮依次是：运行、停止、程序状态监控、暂停程序状态监控、状态表监控、趋势图、暂停趋势图、单次读取、全部写入、强制、取消强制、取消全部强制和读取全部强制，如图1-37所示。

图1-37 调试工具栏

公用工具栏中的按钮依次是：插入网络、删除网络、切换POU注释、切换网络注释、切换符号信息表、切换书签、下一个书签、上一个书签、清除全部书签、应用项目中的所带符号和建立未定义符号表，如图1-38所示。

图1-38 公用工具栏

指令工具栏中的按钮依次是：向下连线、向上连线、向左连线、向右连线、触点、线圈和指令盒，如图1-39所示。

图1-39 指令工具栏

3. 浏览条

在编程过程中，浏览条提供窗口快速切换的功能，可用菜单中的"查看"→"框架"→"浏览条"选项控制是否打开浏览条。浏览条中包括了"查看"和"工具"两个组件框，其中，"查看"组件框含有以下七种组件。

（1）程序块（Program Block）。程序块由可执行的程序代码和注释组成。可执行的程序代码由主程序、可选的子程序和中断程序组成。代码被编译并下载到PLC中时，程序注释被忽略。S7-200工程项目中规定的主程序只有一个，用MAIN（OB1）表示。子程序有64个，用SBR0～SBR63表示。中断程序有128个，用INT0～INT127表示。

（2）符号表（SQmbol Table）。符号表用来建立自定义符号与绝对地址间的对应关系，并可附加注释，使得用户可以使用具有实际含义的符号作为编程元件，增加程序的可读性。当程序编译后下载到PLC中时，所有的自定义符号都将被转换成绝对地址，而自定义符号被忽略。

（3）状态表（Status Chart）。状态表用于联机调试时监视指定的内部变量的状态和当前值，状态表并不下载到PLC，仅仅是监控用户程序运行情况的一种工具。监控用户程序运行时，只需要在地址栏中写入变量地址，在数据格式栏中标明变量的类型，就可以在运行时监视这些变量的状态和当前值。

（4）数据块（Data Block）。数据块由数据（存储器的初始值和常数值）和注释组成，可以对变量寄存器V进行初始数据的赋值或修改，并可附加必要的注释。数据被编译并下载到PLC，注释被忽略。对于继电器—接触器控制系统的数字量控制系统一般只有主程序，不使用子程序、中断程序和数据块。

（5）系统块（SYSTEM Block）。系统块主要用于系统组态。系统组态主要包括设置数字量或模拟量输入滤波、设置脉冲捕捉、配置输出表、定义存储器保持范围、设置密码和通信参数等。在本章中对系统组态的设置不作详细介绍。

（6）交叉引用（Cross Reference）。交叉引用可以列举出程序中使用的各操作数在哪一个程序块的什么位置出现，以及使用它们的指令助记符。可以查看哪些内存区域已经被使用，作为位使用还是作为字节使用等。在运行方式下编辑程序时，还可以查看程序当前正在使用的跳变信号的地址。交叉引用表不能下载到PLC，程序编译成功后才能看到交叉引用表的内容。在交叉索引表中双击某个操作数时，可以显示含有该操作数的程序。

（7）通信（Communications）。通信可用来建立计算机与PLC之间的通信连接，以及通信参数的设置和修改。

在引导条中单击"通信"图标，则会出现一个"通信"对话框，双击其中的"PC/PPI"电缆图标，将出现"PG/PC"接口对话框，此时可以安装或删除通信接口，检查各参数设置是否正确，其中比特率的默认值是9.6kbit/s。

设置好参数后，就可以建立与 PLC 的通信联系。双击"通信"对话框中的"刷新"图标，STEP 7-Micro/WIN V4.0 将检查所有已连接的 S7-200 的 CPU 站，并为每一个站建立一个 CPU 图标。

建立计算机与 PLC 的通信联系后，可以设置 PLC 的通信参数。单击浏览条中"系统块"图标，将出现"系统块"对话框，单击"通信端口（PORT）"选项，检查和修改各参数，确认无误后，单击"确认（OK）"按钮。最后单击工具栏的"下载（Download）"按钮，即可把确认后的参数下载到 PLC 主机。

（8）设置"PG/PC"接口。单击浏览条中的"PG/PC 接口"按钮，再单击"设置 PG/PC 接口"对话框中的"属性"按钮，可以为 STEP7-Micro/WIN V4.0 选择网络地址和比特率。

"工具"组件框包括：指令向导、文本显示向导、位置控制向导、EM253 控制面板、调制解调器扩展向导、以太网向导、AS-i 向导、因特网向导、配方向导、数据记录向导、PID 调节控制面板、S7-200 EIplorer 和 TD KeQpad Designer。

4. 指令树

指令树提供编程所用到的所有命令和 PLC 指令的快捷操作。可以通过菜单中的"查看"→"框架"→"指令树"选项控制是否打开指令树。

5. 输出窗口

该窗口用来显示程序编译的结果信息，如各程序块（主程序、子程序数量及子程序号、中断程序数量及中断程序号等）及各块大小、编译结果有无错误以及错误编码及其位置。输出窗口可用主菜单中的"查看"→"框架"→"输出窗口"选项控制其是否打开。

6. 状态栏

状态栏又称任务栏，用来显示软件执行情况，编辑程序时显示光标所在的网络号、行号和列号，运行程序时显示运行的状态、通信比特率、远程地址等信息。

7. 程序编辑器

用户可以用梯形图、语句表或功能块图程序编辑器编写和修改程序。程序编辑器包含局部变量表和程序视图窗口（梯形图、语句表和功能块图）。如果需要，用户可以拖动分割条，扩展程序视图，并覆盖局部变量表。当用户在主程序之外，建立子程序或中断程序时，标记出现在程序编辑器窗口的底部。可单击该标记，在子程序、中断程序和主程序之间移动。

8. 局部变量表

每个程序块都对应一个局部变量表，在带参数的子程序调用中，参数的传递就通过局部变量表进行的。局部变量表包含对局部变量所作的赋值（即子程序和中断程序使用的变量）。

四、计算机与PLC的通信连接

1. 开发 S7-200 系列 PLC 所需要的硬件

开发 S7-200 系列 PLC 需要用户有一台装有 STEP 7-Micro/WIN V4.0 编程软件的计算机、S7-200 系列 PLC 和一根 PC/PPI 编程电缆，PPI 编程电缆如图 1-40 所示。

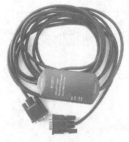

图 1-40　PPI 编程电缆

2. 硬件连接

如图 1-41 所示是一个常见的硬件连接图，连接步骤如下：

（1）将 PC/PPI 多主站电缆 RS-232 端（标识为“PC”）连接到计算机的串行通信端口 COM1（COM2 也可）。

（2）将 PC/PPI 多主站电缆 RS-485 端（标识为“PPI”）连接到 S7-200 CPU 模块的通信端口 PORT0 或端口 PORT1。

（3）按照图 1-42 设置 PC/PPI 多主站电缆的 DIP 开关。

编程设备
S7-200
RS-232/PPI
多主站电缆
PC/PPI

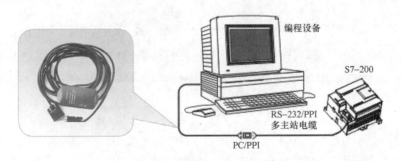

图 1-41　PLC 与 PC 机的硬件连接

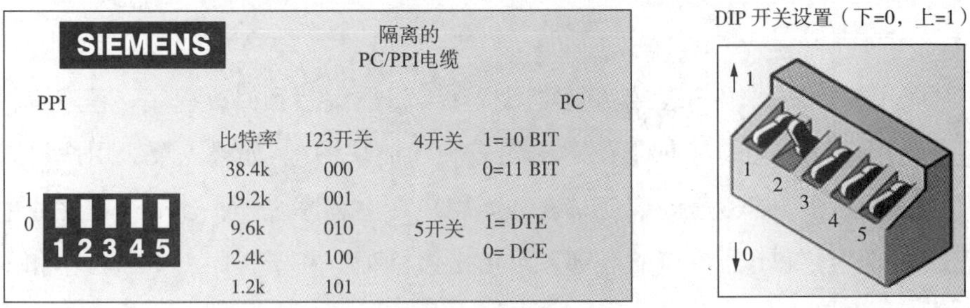

SIEMENS
隔离的
PC/PPI电缆
PPI
PC
比特率
123开关
4开关
1=10 BIT
0=11 BIT
38.4k 000
19.2k 001
9.6k 010
2.4k 100
1.2k 101
5开关
1= DTE
0= DCE
1
0
1 2 3 4 5
DIP 开关设置（下=0，上=1）
1
2
3
4
5
0

图 1-42　PC/PPI 多主站电缆 DIP 开关的设置

PC/PPI 多主站电缆中间有通信模块，模块外部设有比特率设置开关，有 5 种支持 PPI 协议的比特率可以选择，分别是：1.2kbit/s、2.4kbit/s、9.6kbit/s、19.2kbit/s 和 38.4kbit/s，系统的默认值为 9.6kbit/s。在用 PC/PPI 电缆上的 DIP 开关设置比特率时，应与编程软件中设置的比特率相同。

DIP 开关上有 5 个开关键，1、2、3 号键用于设置比特率，通信速率的默认值为 9.6kbit/s，则 1、2、3 号键设置为 010。DIP 开关的第 4 位用于选择 10 位或 11 位通信模式，第 5 位用于选择将 RS-232 口设置为数据终端设备（DTE）模式或数据通信设备（DCE）模式。未使用调制解调器时，4、5 号键均应设置为 0。

3. 设置通信参数

在使用 PC/PPI 多主站电缆完成计算机与 PLC 之间的硬件连接后，按照以下步骤设置通信参数。

（1）将 PLC 前盖内的模式选择开关拨至"STOP"。

（2）合上空气开关 QF，给 PLC 上电，这时"STOP"状态指示灯黄灯亮。

（3）在 STEP 7-Micro/WIN V4.0 运行时单击浏览条中的"通信"图标，或从菜单"查看"→"组件"中选择"通信"，则会出现一个通信对话框，如图 1-43 所示。

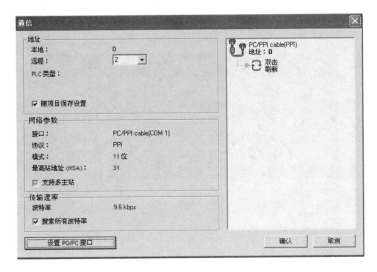

图 1-43　通信对话框

在图 1-43 的通信对话框内右侧显示编程计算机将通过 PC/PPI 电缆尝试与 CPU 通信，并且本地编程计算机的网络通信地址是"0"。

（4）双击通信对话框中的 PC/PPI 电缆图标，将出现 PC/PG 接口设置对话框，如图 1-44 所示。

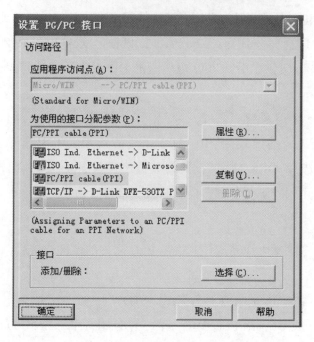

图 1-44 设置 PC/PG 接口对话框

（5）单击"属性"按钮，将出现"属性—PC/PPI cable（PPI）"对话框，如图 1-45 所示，在"本地连接"选项卡中，选择连接到计算机的串行通信端口 COM1。

图 1-45 "属性 -PC/PPI cable（PPI）"对话框中的"本地连接"选项卡

在"PPI"选项卡中，单击"默认"按钮，可获得默认的参数，如图 1-46 所示。

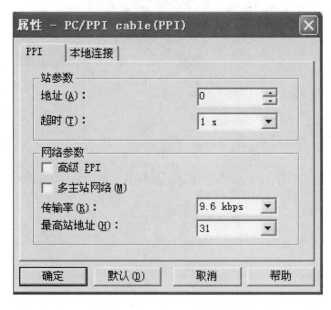

图 1-46 "属性—PC/PPI cable（PPI）"对话框中的"PPI"选项卡

在站参数（Station Parameters）的地址（Address）框中，运行 STEP 7-Micro/WIN V4.0 的计算机（主站）的默认站地址为 0。在超时（Timeout）框中设置建立通信的最长时间，默认值为 1s。

在网络参数中，"高级 PPI（Advanced PPI）"的功能是允许在 PPI 网络中与一个或多个 S7-200 CPU 建立多个连接。S7-200 CPU 的通信口 0 和通信口 1 分别可以建立 4 个连接。选择"多主站网络（Multiple Master Network）"，即可以启动多主站模式，未选时为单主站模式。在多主站模式中，编程计算机和 HMI（如 TD200 和触摸屏）是通信网络中的主站，S7-200 CPU 作为从站。单主站模式中，用于编程的计算机是主站，一个或多个 S7-200 CPU 是从站。使用了多主站 PPI 电缆，可以忽略多主站网络和高级 PPI 的复选框。传输率的默认值为 9.6kbit/s。根据网络中的设备数选择最高站地址，默认值为"31"。

以上默认参数一般不必改动，核实之后直接单击"确定"，回到如图 1-43 所示的通信对话框。

4. 建立计算机与 PLC 在线联系

在通信对话框中双击"双击刷新"图标，将检查所连接的所有 S7-200CPU 站，并为每个站建立一个 CPU 图标，并显示该 CPU 的型号、版本号和网络地址，如图 1-47 所示，刷新结果即建立起计算机与 PLC 在线联系。

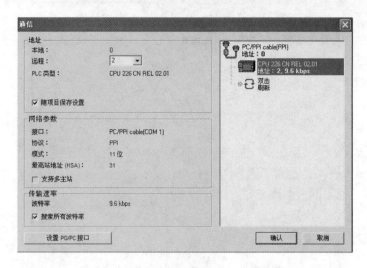

图 1-47　刷新结果

关闭通信对话框后，可以看见指令树项目 1 显示实际连接并通信成功的 CPU 型号和版本信息，如图 1-48 所示。

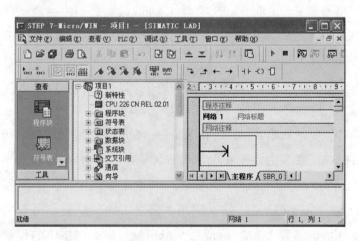

图 1-48　指令树项目 1 显示的 CPU 型号和版本信息

5. 检查、设置和修改 PLC 的通信参数

计算机与 PLC 建立起在线连接后，就可以利用软件检查、设置和修改 PLC 的通信参数，步骤如下。

（1）单击浏览条中的系统块图标，或从菜单"查看"→"组件"中选择"系统块"选项，将出现系统块对话框，如图 1-49 所示。

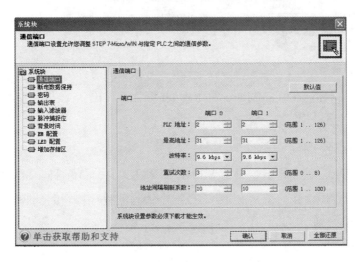

图 1-49 系统块对话框

（2）单击"通信端口"选项卡，检查各参数，确认无误后单击"确认"按钮。若需修改某些参数，可以先进行有关的修改，再单击"确认"按钮。

6. 读取 PLC 的信息

利用菜单命令"PLC"──→"信息"，可读取 PLC 的信息，如 PLC 的运行状态、扫描速率及 CPU 的型号等信息，如图 1-50 所示。

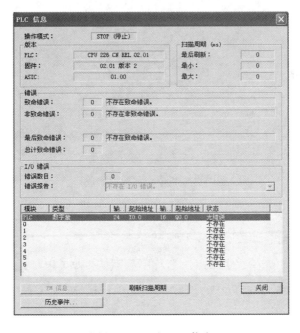

图 1-50 显示 PLC 信息

五、程序编辑

1. 新建项目

在桌面上直接双击 STEP 7-Micro/WIN V4.0 编程软件的快捷方式 ，自动创建一个新的工程项目——项目 1。

2. 选择指令集和编辑器

S7-200 系列 PLC 支持的指令集有 SIMATIC 和 IEC1131-3 两种。SIMATIC 是专为 S7-200PLC 设计的，专用性强。采用 SIMATIC 指令编写的程序执行时间短，可以使用 LAD、STL、FBD 三种编辑器。

单击菜单栏命令"工具"——→"选项"，在选项树中选择"常规"。在"常规"选项卡中，"默认编辑器"选择"梯形图编辑器"，"编程模式"选择"SIMATIC"，"语言"选择"中文"，如图 1-51 所示，单击"确认"按钮。

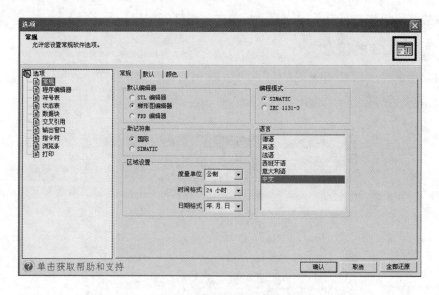

图 1-51　指令集和编辑器选择

3. 选择 PLC 类型

方法 1：选择菜单命令"PLC"——→"类型"。

方法 2：在指令树中选择双击项目 1 名称下的默认类型 CPU221 REL 02.01。

在弹出的"PLC 类型"窗口中，PLC 类型选项框里选择"CPU226"，如图 1-52 所示，单击"确认"按钮。

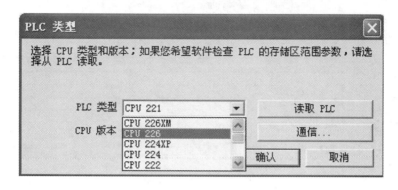

图 1-52　PLC 类型选择

4. 保存项目

选择菜单命令"文件"——→"保存"或"另存为",或单击工具栏的"保存项目"按钮 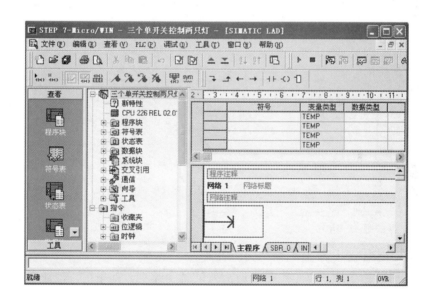,在弹出的"另存为"窗口中可以选择默认路径"C:\Program Files\Siemens\STEP 7-MicroWIN V4.0\Projects",文件名输入为"三个单开关控制两只灯",然后单击"保存"按钮,如图 1-53 所示。

图 1-53　三个单开关控制两只灯项目

5. 编辑符号表

单击浏览条中的符号表图标 ,打开符号表编辑器,在符号表中输入符号及相应地址,也可以输入注释,如图 1-54 所示。

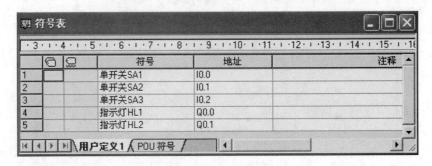

图1-54　编辑符号表

6. 输入梯形图程序

单击浏览条中的程序块图标，打开程序编辑器，在如图1-53所示的SIMATIC LAD 窗口中，按以下步骤输入如图1-55所示的三个单开关控制两只灯的梯形图程序。

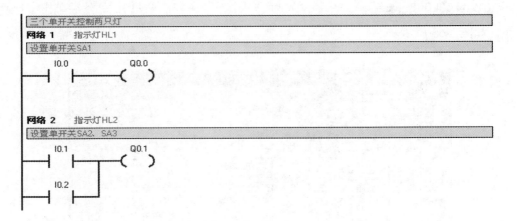

图1-55　三个单开关控制两只灯梯形图

（1）输入动合触点 I0.0。

1）利用指令树按钮，输入步骤如图1-56所示。

①在指令树的指令选项下单击打开所需要的指令类别，如单击"位逻辑"左面的 ⊞，或双击 位逻辑。

②从打开的"位逻辑"指令树中选择需要的动合触点元件⊣⊢。

③按住鼠标左键拖动所选择的动合触点元件⊣⊢到程序编辑器窗口中所需要的位置。

④释放鼠标左键，动合触点元件⊣⊢就放置在所需要的位置了。

⑤单击"??.?"处。

⑥在"??.?"处输入动合触点元件的地址，如 I0.0。

⑦按回车键确认，光标自动右移一格，一个指令就输入完毕。

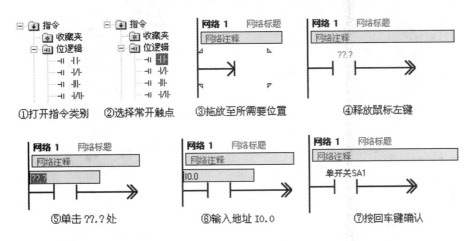

①打开指令类别　②选择常开触点　③拖放至所需要位置　④释放鼠标左键

⑤单击 ??.? 处　⑥输入地址 I0.0　⑦按回车键确认

图 1-56　利用指令树按钮输入指令

除了利用指令树按钮输入指令外，还可以利用工具栏按钮输入指令。如单击工具栏上的指令触点、线圈或指令盒按钮，会分别出现一个下拉列表，如图 1-57 所示。

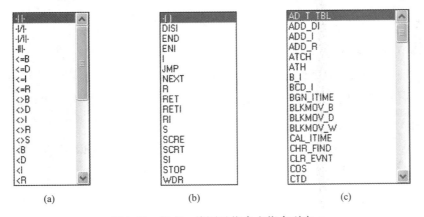

(a)　　　　　(b)　　　　　(c)

图 1-57　触点、线圈及指令盒指令列表

（a）触点；（b）线圈；（c）指令盒

2）利用工具栏按钮，输入步骤如图 1-58 所示。

①在程序编辑窗口中将光标定位到所要编辑的位置。

②单击工具栏上的触点指令，出现一个下拉列表。

③利用滚动条或键盘的↑、↓键浏览至所需的指令，如⊢⊢，单击⊢⊢指令或使用回车键即可输入该指令到所要编辑的位置。

④单击 "??.?" 处。

⑤在 "??.?" 处输入动合触点元件的地址，如 I0.0。

⑥按回车键确认，光标自动右移一格，一个指令就输入完毕。

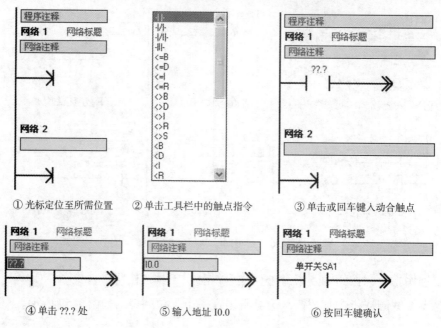

① 光标定位至所需位置　　② 单击工具栏中的触点指令　　③ 单击或回车键入动合触点

④ 单击 ??.? 处　　　　　　⑤ 输入地址 I0.0　　　　　　⑥ 按回车键确认

图 1-58　利用工具栏按钮输入指令

（2）输入线圈 Q0.0。把光标放在动合触点 I0.0（即单开关 SA1）的后面一格位置，即如图 1-58 第⑥步的光标所放位置，采用与输入动合触点 I0.0 一样的方法输入线圈 Q0.0，只是编程元件选择的是线圈 -{}，物理地址是 Q0.0，符号地址是信号灯 HL1。输入完线圈 Q0.0，网络 1 输入完毕。

（3）输入动合触点 I0.1。把光标放在网络 2 的程序段起始编辑位置，采用与输入动合触点 I0.0 一样的方法输入动合触点 I0.1，只是动合触点的物理地址是 I0.1，符号地址是单开关 SA2。

（4）输入动合触点 I0.2，步骤如图 1-59 所示。

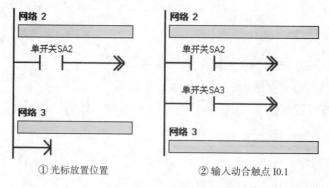

① 光标放置位置　　　　　② 输入动合触点 I0.1

图 1-59　输入动合触点 I0.2 的步骤（一）

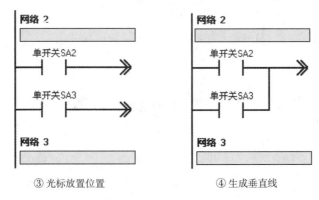

③光标放置位置 ④生成垂直线

图 1-59 输入动合触点 I0.2 的步骤（二）

1）把光标放在如图 1-59 ①所示的位置；

2）输入动合触点 I0.2，如图 1-59 ②所示；

3）把光标放在动合触点 I0.2（即单开关 SA3）上，如图 1-59 ③所示；

4）单击工具栏的向上连线按钮 ⤴，如图 1-59 ④所示，动合触点 I0.2（即单开关 SA3）与动合触点 I0.1（即单开关 SA2）并联上了。

（5）输入线圈 Q0.1。把光标放在动合触点 I0.1（即单开关 SA2）的后面一格位置，采用与输入线圈 Q0.0 一样的方法输入线圈 Q0.1，只是线圈的物理地址是 Q0.1，符号地址是指示灯 HL2。

（6）最后填写上程序注释、网络标题及网络注释，梯形图输入完毕。在 SIMATIC LAD 窗口中，如果只显示元件的绝对地址，只要选择菜单"查看"→"符号寻址"，则"符号寻址"前面的"√"去掉，即可得到梯形图程序。

当梯形图输入完毕后，要进行程序的保存。单击工具栏中的"保存项目" 🖫 按钮，程序便保存下来了。

六、程序调试运行

1. 连接 PLC 与计算机

根据上述介绍的方法进行硬件连接。

2. 编译程序

在 STEP 7-Micro/WIN V4.0 中，打开所保存的"三个单开关控制两只灯"梯形图，单击工具栏中的"全部编译"按钮 ☑；或者选择菜单"PLC"→"全部编译"，程序便被编译成 PLC 能够识别的机器码。

3. 下载程序

选择菜单栏"文件"——➤"下载",或单击工具栏中的"下载"按钮 ⬇,弹出如图 1-60 所示的"下载"窗口。

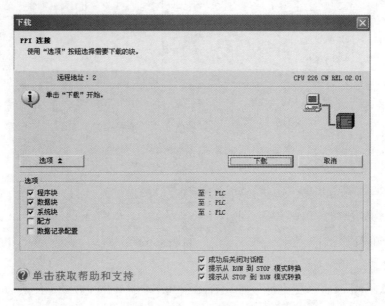

图 1-60 "下载"窗口

如图 1-60 所示,通常在"选项"中选择"程序块"、"数据块"和"系统块"三个选项,再单击"下载"窗口中的"下载"按钮即可。如图 1-61 所示为正在下载程序的界面。

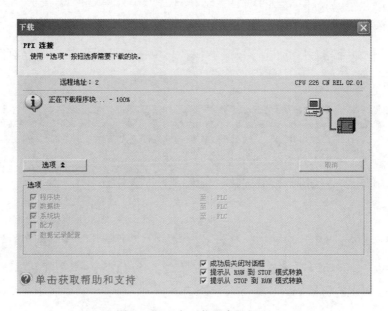

图 1-61 正在下载程序的界面

4. 运行

将 CPU226 前盖内的模式选择开关拨至"TERM",选择菜单栏"PLC"——"RUN(运行)",或单击工具栏中的"运行"按钮 ▶,自动弹出询问是否运行的对话框,如图 1-62 所示,确认运行后单击"是"按钮,CPU 开始运行用户程序,CPU 上的 RUN 指示灯绿灯亮,STOP 指示灯黄灯灭。

图 1-62 是否运行对话框

5. 监控

(1)程序状态监控。

1)选择菜单栏"调试"——"开始程序状态监控"选项或单击工具栏上的 按钮,则出现程序状态监控初始画面,如图 1-63 所示。

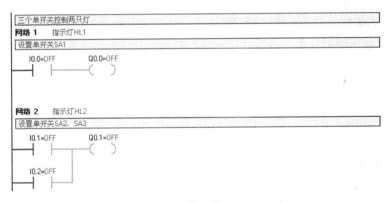

图 1-63 程序状态监控初始画面

2)分别依次操作开关 SA1、SA2、SA3,观察并记录实际运行情况及程序状态监控画面相应变化情况。如果运行正确,则实际运行情况和监控画面变化情况是应该一致的。

3)选择菜单栏"调试"——"停止程序状态监控"选项或单击工具栏上的 按钮,则停止程序状态监控。

(2)状态表监控元件状态。

1)单击浏览条中的"状态表"按钮或选择"查看"——"组件"——"状态表"菜单命令,

打开状态表，并在状态表画面的地址列输入所需要监控的元件并选择格式，如图1-64所示。

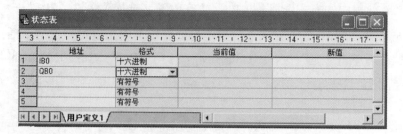

图1-64　状态表

2）选择菜单栏"调试"━━▶"开始状态表监控"选项或单击工具栏上的"状态表监控"按钮 ，则状态表监控的初始画面如图1-65所示。

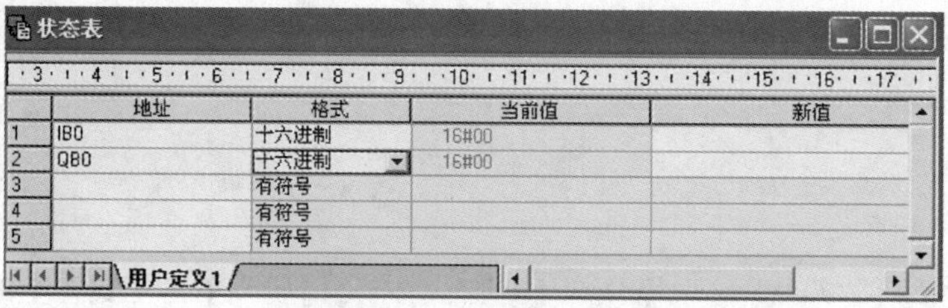

图1-65　状态表监控初始画面

3）分别依次操作单开关SA1、SA2、SA3，观察实际运行情况及状态表监控的元件状态相应变化情况。如果运行正确，则实际运行情况和状态表中监控的元件状态变化情况应该是一致的。

4）选择菜单栏"调试"━━▶"停止状态表监控"选项或单击工具栏上的"状态表监控"按钮 ，则停止状态表监控。

6. 停止运行

如果停止运行用户程序，则选择菜单栏"PLC"━━▶"STOP（停止）"，或单击工具栏中的"停止"按钮 ，自动弹出询问是否停止运行的对话框，如图1-66所示，确认停止运行后单击"是"按钮，CPU停止运行用户程序，CPU上的STOP指示灯黄灯亮，RUN指示灯绿灯灭。

图1-66　停止运行对话框

第五节　S7-200 仿真软件使用

一、仿真软件简介

仿真软件是解决"没有 PLC 实物就无法检验编写的程序是否正确"这一问题的理想软件工具。要使用西门子公司的 S7-200 的仿真软件，可以在网上搜索"S7-200 仿真软件"，找到 S7-200 的仿真软件下载并解压缩后，双击 S7-200 汉化版 .exe 文件，就可以打开它了。

仿真软件可以仿真大量的 S7-200 指令（支持常用的位触点指令、定时器指令、计数器指令、比较指令、逻辑运算指令和大部分的数学运算指令等，但部分指令如顺序控制指令、循环指令、高速计数器指令和通信指令等尚无法支持，仿真软件支持的仿真指令可参考 http://personales.ya.com/canalPLC/interest.htm）。仿真软件提供了数字信号输入开关、两个模拟电位器和 LED 输出显示，仿真软件同时还支持对 TD-200 文本显示器的仿真，在实验条件尚不具备的情况下，可以作为学习 S7-200 的一个辅助工具。

二、仿真软件界面

仿真软件的界面如图 1-67 所示，和所有基于 Windows 的软件一样，仿真软件最上方是菜单，仿真软件的所有功能都有对应的菜单命令。在工具栏中列出了部分常用的命令（如 PLC 程序加载，起动程序，停止程序、AWL、KOP、DB1 和状态观察窗口等）。

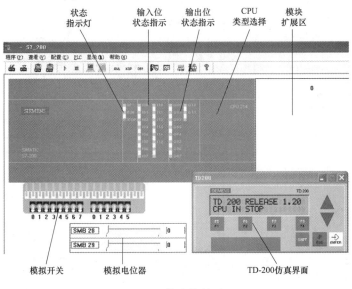

图 1-67　仿真软件界面

工具栏和最底端的状态栏（图 1-67 中未画出）之间包括了以下几个部分。

（1）输入位状态显示：对应的输入端子为 1 时，相应的 LED 变为绿色。

（2）输出位状态显示：对应的输出端子为 1 时，相应的 LED 变为绿色。

（3）CPU 类型选择：双击该区域可以选择仿真所用的 CPU 类型。

（4）模块扩展区：在空白区域单击，可以加载数字和模拟 I/O 模块。

（5）信号输入模拟开关：用于提供仿真需要的外部数字量输入信号。

（6）模拟电位器：用于提供 0 ~ 255 连续变化的数字信号。

（7）TD-200 仿真界面：仿真 TD-200 文本显示器（该版本 TD-200 只具有文本显示功能，不支持数据编辑功能）。

三、仿真软件使用

1. 准备工作

仿真软件不提供源程序的编辑功能，因此必须和 STEP 7-Micro/WIN V4.0 编程软件配合使用，即在 STEP 7-Micro/WIN V4.0 中编辑好源程序后，然后加载到仿真程序中执行。

（1）在 STEP 7-Micro/WIN V4.0 中编辑好梯形图，并编译程序。选择菜单 "PLC" ━━▶ "编译" 或单击工具栏中的编译按钮 ☑ ，程序便被编译成 PLC 能够识别的机器码。

（2）使用 "文件" ━━▶ "导出" 命令将梯形图程序导出为扩展名为 awl 的文件。

（3）如果程序中需要数据块，需要将数据块导出为 .txt 文件。

2. 仿真程序

下面以 "三个单开关控制两只灯" 的梯形图 1-68 为例，完成程序的仿真运行。

（1）导出 awl 文件。打开编程软件录入图 1-68 所示的梯形图程序正确后，选择 "文件" ━━▶ "导出"，弹出一个导出程序块的小窗口，如图 1-69 所示。可以自己选择保存路径及文件名，这里选择默认路径，输入文件名为：三个单开关控制两只灯 .awl，然后单击 "保存" 按钮。

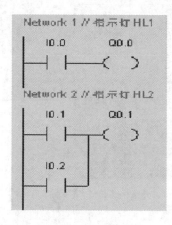

图 1-68　梯形图

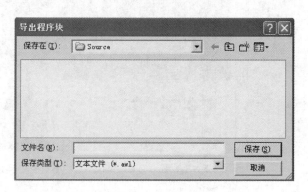

图 1-69　导出程序块

（2）打开仿真软件。双击 S7-200 汉化版 .exe 文件，然后点击屏幕中间出现的画面，在弹出的"密码：6596"对话框里输入密码"6596"，单击"确定"，就可进入仿真软件的界面了。

（3）配置 CPU 型号。在打开的仿真软件界面中，双击"CPU 类型选择"区域或单击菜单栏的"配置" ➝ "CPU 型号（T）"，弹出"CPU Type"对话框，选择所需的 CPU 型号为"CPU226"，如图 1-70 所示，再单击"Accept"按钮。

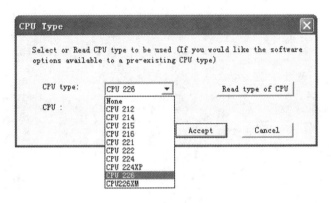

图 1-70　选择 CPU 型号

（4）装载程序。单击菜单栏中的"程序" ➝ "装载程序"，弹出"装载程序"对话框，如图 1-71（a）所示进行设置，再单击"确定"按钮，弹出"打开"对话框，如图 1-71（b）所示，选中要装载的程序"三个单开关控制两只灯 .awl"，最后单击"打开"按钮，出现如图 1-71（c）所示的画面，PLC 停止指示灯亮（红色）。此时，程序已经装载完成。

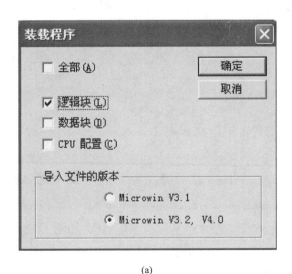

（a）

图 1-71　装载程序（一）

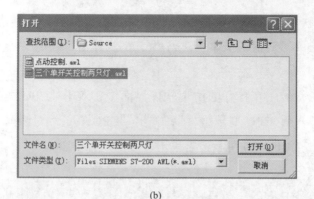

(b)

(c)

图 1-71　装载程序（二）

（a）装载程序的对话框；（b）打开对话框；（c）程序装载完成

（5）开始仿真。

1）状态程序监控运行。

①单击工具栏中"运行"按钮 ▶ 和"State Program（状态程序）"按钮 ，停止指示灯灭（灰色），运行指示灯亮（绿色）。

②单击一次模拟开关 0，手柄向上，开关 0 闭合，PLC 的输入点 I0.0 有输入，输入指示灯亮（绿色），同时输出点 Q0.0 有输出，输出指示灯亮（绿色），梯形图 OB1 窗口中的梯形图也出现相应的变化（蓝实心方框表示触点接通），如图 1-72（a）所示。

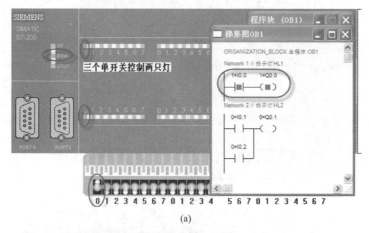

(a)

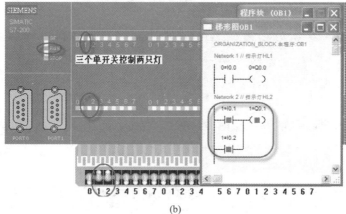

(b)

图 1-72　仿真监控运行效果画面

（a）闭合 SA1；（b）闭合 SA2、SA3

③再单击一次模拟开关 0，手柄向下，模拟开关 0 断开，PLC 的输入点 I0.0 无输入，输入指示灯灭（灰色），同时输出点 Q0.0 也无输出，输出指示灯灭。

④单击一次模拟开关 1，手柄向上，开关 1 闭合，PLC 的输入点 I0.1 有输入，输入指示灯亮（绿色）。同时输出点 Q0.1 有输出，输出指示灯亮（绿色）。

⑤单击一次模拟开关 2，手柄向上，开关 2 闭合，PLC 的输入点 I0.2 有输入，输入指示灯亮（绿色），梯形图 OB1 窗口中的软元件 I0.2 接通（出现蓝实心方框），梯形图 OB1 窗口中的梯形图出现相应的变化，如图 1-72（b）所示。

⑥再单击一次模拟开关 2，则手柄向下，模拟开关 2 断开，PLC 的输入点 I0.2 无输入，输入指示灯灭（灰色），同时输出点 Q0.1 保持有输出，输出指示灯保持亮（绿色）。

⑦再单击一次模拟开关 1，则手柄向下，模拟开关 1 断开，PLC 的输入点 I0.1 无输入，输入指示灯灭（灰色），同时输出点 Q0.1 也无输出，输出指示灯灭（灰色）。

⑧单击工具栏中的"State Program（状态程序）"按钮 和"STOP（停止）"按钮，则停止仿真，这时运行指示灯灭（灰色），停止指示灯亮（黄色）。

2）状态表监控运行。

①单击工具栏中"运行"按钮 和"State Table（状态表）"按钮 ，停止指示灯灭（灰色），运行指示灯亮（绿色），出现如图1-73所示的内存表窗口。

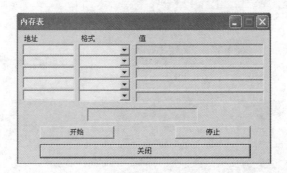

图1-73　内存表

②在内存表的地址中分别输入IB0、QB0，格式中都选择"Hexadecimal"，单击"开始"按钮，出现如图1-74所示的状态表监控运行初始画面。

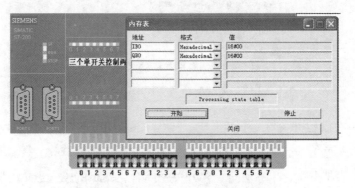

图1-74　内存表中输入所需监控的元件画面

IB0表示输入继电器I的第0字节的8个存储器位，即I0.7、I0.6、I0.5、I0.4、I0.3、I0.2、I0.1、I0.0共8个软元件，1个字节（Byte，简称B）含有8个二进制位。同样，QB0表示Q0.7 ~ Q0.0。

③然后单击一次模拟开关0，手柄向上，开关0闭合，PLC的输入点I0.0有输入，输入指示灯亮（绿色），同时输出点Q0.0有输出，输出指示灯亮（绿色）；内存表中地址IB0、QB0的值都由16#00变为16#01，如图1-75所示。

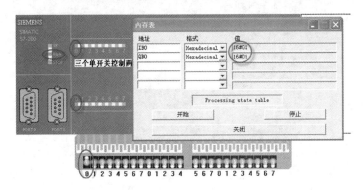

图 1-75　单击一次模拟开关 0 仿真状态表监控运行画面

④再单击一次模拟开关 0，则手柄向下，开关 0 断开，PLC 的输入点 I0.0 无输入，输入指示灯灭（灰色），且输出点 Q0.0 也无输出，输出指示灯灭（灰色）；内存表中地址 IB0、QB0 的值都由 16#01 变为 16#00。

⑤单击一次模拟开关 1，手柄向上，开关 1 闭合，PLC 的输入点 I0.1 有输入，输入指示灯亮（绿色）。同时输出点 Q0.1 有输出，输出指示灯亮（绿色）；内存表中地址 IB0 的值由 16#00 变为 16#02，而 QB0 的值也由 16#00 变为 16#02。

⑥单击一次模拟开关 2，则手柄向上，开关 2 闭合，PLC 的输入点 I0.2 有输入，输入指示灯亮（绿色）；内存表中地址 IB0 的值由 16#02 变为 16#06，而 QB0 的值不变，仍然为 16#02，如图 1-76 所示。

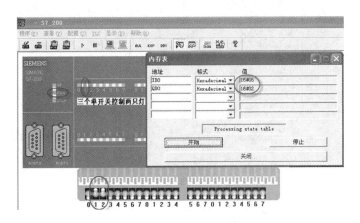

图 1-76　单击一次模拟开关 1、2 时的仿真状态表监控运行画面

⑦再点击一次模拟开关 2 和模拟开关 1，则又回到如图 1-76 所示的画面。

⑧单击工具栏中的"State Program（状态程序）"按钮　和"STOP（停止）"按钮，则停止仿真，这时运行指示灯灭（灰色），停止指示灯亮（红色）。

第二章

了解S7-200 PLC 编程元件及寻址方式

第一节 S7-200 PLC 的编程元件

可编程控制器在其系统软件的管理下，将用户程序存储器（即装载存储区）划分出若干个区，并赋予这些区不同的功能，分别称为输入继电器、输出继电器、辅助继电器、变量继电器、定时器、计数器、数据寄存器等。

说明：在 PLC 内部，并不真正存在这些实际的物理器件，与其对应的只是存储器中的某些存储单元。

一、输入继电器

输入继电器（I）对应 PLC 存储系统中的输入映像寄存器。输入继电器将 PLC 的存储系统与外部输入端子建立明确的关系。一般按"字节.位"的编址方式来读取一个继电器的状态，S7-200 PLC 各种 CPU 存储空间的编址范围见表 2-1。

表2-1

S7-200 PLC各种CPU存储空间的编址范围

存取方式	存储单元	CPU221	CPU222	CPU224，CPU226	CPU226XM
位存取（字节，位）	V	0.0 ~ 2047.7	0.0 ~ 2047.7	0.0 ~ 5119.7	0.0 ~ 10239.7
	I	0.0 ~ 15.7	0.0 ~ 15.7	0.0 ~ 15.7	0.0 ~ 15.7
	Q	0.0 ~ 15.7	0.0 ~ 15.7	0.0 ~ 15.7	0.0 ~ 15.7
	M	0.0 ~ 31.7	0.0 ~ 31.7	0.0 ~ 31.7	0.0 ~ 31.7
	SM	0.0 ~ 179.7	0.0 ~ 299.7	0.0 ~ 549.7	0.0 ~ 549.7
	S	0.0 ~ 31.7	0.0 ~ 31.7	0.0 ~ 31.7	0.0 ~ 31.7
	T	0 ~ 255	0 ~ 255	0 ~ 255	0 ~ 255
	C	0 ~ 255	0 ~ 255	0 ~ 255	0 ~ 255
	L	0.0 ~ 63.7	0.0 ~ 63.7	0.0 ~ 63.7	0.0 ~ 63.7

二、输出继电器

输出继电器（Q）对应 PLC 存储系统中的输出映像寄存器。输出继电器将 PLC 的存储系统与外部输出端子建立明确的关系，一般按"字节.位"的编址方式来读取一个继电器的状态，见表 2-1。

三、辅助继电器

辅助继电器（M）的功能与传统的继电器控制线路中的中间继电器相同，借助于辅助继电器的编程，可使输入输出之间建立复杂的逻辑关系和连锁关系，以满足不同的控制要求。在S7-200 PLC中辅助继电器及编址范围见表2-1。

四、特殊继电器

特殊继电器（SM）用来存储系统的状态变量及有关的控制参数和信息。用户可以通过特殊继电器向PLC反映对操作的特殊要求以及沟通PLC与被控对象之间的信息，PLC通过特殊继电器向用户提供一些特殊的控制功能和系统信息。在S7-200 PLC（CPU224）中提供了2400个特殊继电器SM0.0 ~ SM299.7，分为只读型和读写型两类，其中只读型的30个特殊继电器为SM0.0 ~ SM29.7。

部分特殊继电器功能如下。

SM0.0：运行监控，PLC在运行状态时，SM0.0总为ON。

SM0.1：初始脉冲，PLC由STOP转为RUN时，保持ON一个扫描周期。

SM0.3：PLC上电进入运行状态时，保持ON一个扫描周期。

SM0.4：分时钟脉冲，占空比为50%，周期为1min的脉冲串。

SM0.5：秒时钟脉冲，占空比为50%，周期为1s的脉冲串。

SM0.6：扫描时钟，一个周期ON，下个周期为OFF，交替循环。

SMB28和SMB29：分别对应模拟电位器0和1的当前值，数值范围0 ~ 255。

五、状态继电器

状态继电器S又称状态元件，是使用步进控制指令编程时的重要编程元件。用来组织机器操作或进入等效程序段工步，以实现顺序控制和步进控制。状态继电器用于顺序功能图法编程。每一个状态器可以用来代表控制状态中的一个步序，为编程提供方便。可以按位、字节、字或双字来存取S位，在S7-200 PLC中状态继电器的编址范围见表2-1。

六、变量存储器

S7-200 PLC中有大量的变量寄存器（V），用于模拟量控制、数据运算、参数设置及存放程序执行过程中控制逻辑操作的中间结果。其数量与CPU型号有关，见表2-1。

七、局部变量存储器

局部变量存储器（L）用来存放局部变量。局部变量与变量存储器所存储的全局变量十分相似，主要区别是全局变量是全局有效的，而局部变量是局部有效的。全局有效是指同一个变量可以被任何程序（包括主程序、子程序和中断程序）访问；而局部有效是指变量只和特定的程序相关联。

S7-200 PLC 提供 64 字节的局部存储器，其中 60 字节可以作暂时存储器或给子程序传递参数。主程序、子程序和中断程序在使用时都可以有 64 个字节的局部存储器可以使用。不同程序的局部存储器不能互相访问。机器在运行时，根据需要动态地分配局部存储器：在执行主程序时，分配给子程序或中断程序的局部变量存储区是不存在的，当子程序调用或出现中断时，需要为之分配局部存储器，新的局部存储器可以是曾经分配给其他程序块的同一个局部存储器。局部变量存储器用"L"表示，局部变量存储器区属于位地址空间，可进行位操作，也可以进行字节、字、双字操作。

八、定时器

定时器（T）是 PLC 的重要的编程元件，它的作用与继电器控制电路中的时间继电器基本相似，用来实现按照时间原则进行控制的目的。定时器的设定值通过程序预先输入，当满足定时器的工作条件时，定时器开始定时，当前值从 0 开始增加。当达到设定值时定时器的动合触点和动断触点动作。

S7-200 PLC 中定时器数量范围见表 2-1，它分为 3 种类型：接通延时定时器 TON、断开延时定时器 TOF 及保持型接通延时定时器 TONR。定时器的精度及编号见表 2-2。

表2-2

定时器的精度及编号

定时器类型	定时精度（ms）	最大当前值（s）	定时器编号
TON TOF	1	32.767	T32，T96
	10	327.67	T33 ~ T36，T97 ~ T100
	100	3276.7	T37 ~ T63，T101 ~ T255
TONR	1	32.767	T0，T64
	10	327.67	T1 ~ T4，T65 ~ T68
	100	3276.7	T5 ~ T31，T69 ~ T95

九、计数器

计数器（C）的作用是对编程元件状态脉冲的上升进行积累计数，从而实现计数操作。当条件满足时，计数器开始计数，当前值达到设定值后，计数器的动合触点和动断触点动作，实现计数操作。

S7-200 PLC 中计数器数量范围见表 2-1。它分为 3 种类型，递增计数、递减计数和增／减计数。

十、模拟量输入映像寄存器与模拟量输出映像寄存器

模拟量输入映像寄存器用 AI 表示，模拟量输出映像寄存器用 AQ 表示，如：AIW10，AQW4 等。PCL 在模拟量输入／输出映像寄存器中，数字量的长度为 1 字长（16 位），且从偶数号字节进行编址来存取转换前后的模拟量值，如 0、2、4、6、8。编址内容包括元件名称、数据长度和起始字节的地址，PLC 对这两种寄存器的存取方式的不同之处在于，模拟量输入寄存器只能作读取操作，而对模拟量输出寄存器只能作写入操作。

十一、高速计数器

高速计数器（HC）的工作原理与普通计数器基本相同，它用来累计比主机扫描速率更快的高速脉冲。高速计数器的当前值为双字长（32 位）的整数，且为只读值。高速计数器编址时只用名称 HC 和编号，如 HC2。

十二、累加器

累加器（AC）是用来暂存数据的寄存器。S7-200 PLC 提供 4 个 32 位累加器，分别为 AC0、AC1、AC2、AC3，它可以用来存放数据如运算数据、中间数据和结果数据，也可用来向子程序传递参数，或从子程序返回参数。使用时只表示出累加器的地址编号，如 AC0。累加器可进行读、写两种操作，在使用时只出现地址编号。累加器可用长度为 32 位，但实际应用时，数据长度取决于进出累加器的数据类型。

第二节　S7-200 系列 PLC 存储器的数据类型与寻址方式

一、基本数据类型

1. S7-200 PLC 的存储器区域

S7-200 PLC 的存储器分为用户程序空间、CPU 组态空间和数据区空间。

用户程序空间用于存放用户程序，存储器为 EEPROM；CPU 组态空间用于存放有关

PLC 配置结构参数，如 PLC 主机及扩展模块的 I/O 配置和编址、配置 PLC 站地址、设置保护口令、停电记忆保持区、软件滤波功能等，存储器为 EEPROM；数据区空间是用户程序执行过程中的内部工作区域。该区域存放输入信号、运算输出结果、计时值、计数值、高速计数值和模拟量数值等，存储器为 EEPROM 和 ROM。

数据区空间是 S7-200 CPU 提供的存储器的特定区域，数据区空间使 CPU 的运行更快、更可靠。S7-200 PLC 的数据存储区按存储器存储数据的长短可划分为字节存储器、字存储器和双字存储器 3 类。字节存储器有 7 个，分别是输入映像寄存器（I）、输出映像寄存器（Q）、变量存储器（V）、位存储器（M）、特殊存储器（SM）、顺序控制继电器（S）、局部变量存储器（L）；字存储器有 4 个，分别是定时器（T）、计数器（C）、模拟量输入映像寄存器（AI）和模拟量输出映像寄存器（AQ）；双字存储器有 2 个，分别是累加器（AC）和高速计数器（HC）。

用户对用户程序空间、CPU 组态空间和部分数据区空间进行编辑，编辑后写入 PLC 的 EEPROM。RAM 为 EEPROM 存储器提供备份存储区，用于 PLC 运行时动态使用。RAM 由大容量电容做停电保持。

2. S7-200 PLC 的基本数据类型

在 S7-200 的编程语言中，大多数指令要与数据对象一起进行操作。不同的数据对象具有不同的数据类型，不同的数据类型又具有不同的数制和格式选择。因此，程序中所使用的数据需要指定一种数据类型，而在指定数据类型时，首先要确定数据大小及数据位的结构。S7-200 PLC 的基本数据类型及其范围见表 2-3。

表2-3

S7-200 PLC的基本数据类型及其范围

基本数据类型		位数	说明
布尔型 BOOL		1	位范围：0，1
无符号数	字节型 BYTE	8	字节范围：0 ~ 255
	字型 WORD	16	字范围：0 ~ 65535
	双字型 DWORD	32	双字范围：0 ~（$2^{32}-1$）
有符号数	字节型 BYTE	8	字节范围：-128 ~ $+127$
	整型 INT	16	整数范围：-32768 ~ $+32767$
	双整型 DINT	32	双字整数范围：-2^{31} ~（$2^{31}-1$）
实数型 REAL		32	IEEE 浮点数

编程中经常会使用常数，常数数据长度可分为字节、字和双字。在机器内部的数据都

以二进制存储，但常数的书写可以用二进制、十进制、十六进制、ASCII 码或浮点数（实数）等多种形式。几种常数形式说明如下。

（1）二进制的书写格式为"2# 二进制数值"，如 2#0101_1100_0010_1010；

（2）十进制的书写格式为"十进制数值"，如 1052；

（3）十六进制的书写格式为"16# 十六进制数值"，如 16#8AC6；

（4）ASCII 码的书写格式为"'ASCII 码文本'"，如 'good bye'；

（5）浮点数的书写格式按 IEEE 浮点数格式，如 I0.5。

3. S7–200 CPU 模块操作数的数值范围

S7-200 CPU 模块操作数的数值范围见表 2-4。

表2-4

S7-200 CPU模块操作数的数值范围

存取方式	CPU221	CPU222	CPU224	CPU224XP CPU224XPsi	CPU226
位存取（字节、位）	I0.0 ~ I15.7　Q0.0 ~ Q15.7　M0.0 ~ M31.7　T0 ~ T255　C0 ~ C255　L0.0 ~ L63.7　S0.0 ~ S31.7				
	V0.0 ~ V2047.7		V0.0 ~ 8191.7	V0.0 ~ V10239.7	
	SM0.0 ~ SM165.7	SM0.0 ~ SM299.7		SM0.0 ~ SM549.7	
字节存取	IB0 ~ IB15　QB0 ~ QB15　MB0 ~ MB31　SB0 ~ SB31　LB0 ~ LB63				
	AC0 ~ AC3			AC0 ~ AC255	
	VB0 ~ VB2047		VB0 ~ VB8191	VB0 ~ VB10239	
	SMB0 ~ SMB165	SMB0 ~ SMB299		SMB0 ~ SMB549	
字存取	IW0 ~ IW14　QW0 ~ QW14　MW0 ~ MW30　SW0 ~ SW30　T0 ~ T255　C0 ~ C255　LW0 ~ LW58　AC0 ~ AC3				
	VW0 ~ VW2046		VW0 ~ VW8190	VW0 ~ VW10238	
	SMW0 ~ SMW164	SMW0 ~ SMW298		SMW0 ~ SMW548	
	AIW0 ~ AIW30　AQW0 ~ AQW30		AIW0 ~ AIW62　AQW0 ~ AQW62		
双字存取	ID0 ~ ID12　QD0 ~ QD12　MD0 ~ MD28　SD0 ~ SD28　LD0 ~ LD60　AC0 ~ AC3　HC0 ~ HC5				
	VD0 ~ VD2044		VD0 ~ VD8188	VD0 ~ VD10236	
	SMD0 ~ SMD162	SMD0 ~ SMD296		SMD0 ~ SMD546	

二、寻址方式

在计算机中使用的数据均为二进制数，二进制数的基本单位是 1 个二进制位，8 个二进制位组成 1 个字节，2 个字节组成一个字，2 个字组成一个双字。

存储器是由许多存储单元组成，每个存储单元都有唯一的地址，可以依据存储器地址来存取数据。数据区空间存储器的单位可以是位、字节、字、双字，编址方式也可以是位编址、字节编址、字编址和双字编址。

1. 位编址

位编址：存储器标识符 + 字节地址 + 位地址，如 I0.1、M0.0、Q0.3 等。如图 2-1 所示，I1.4 表示图中黑色标记的位地址，I 是输入映像寄存器的区域标识符，1 是字节地址，4 是位号，在字节地址 1 和位号之间用点号"."隔开。

按照这种位编址方式编址的存储区有：输入映像寄存器（I）、输出映像寄存器（Q）、位存储器（M）、特殊存储器（SM）、局部变量存储器（L）、变量存储器（V）和顺序控制继电器（S）。

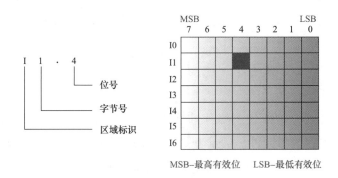

图 2-1　位地址 I1.4 的表达方式

2. 字节编址、字编址和双字编址

字节、字、双字的编址方式如图 2-2 所示。

字节编址：存储器标识符 + 字节长度（B）+ 字节号，如 IB0、QB0、VB100 等。

字编址：存储器标识符 + 字长度（W）+ 起始字节号，如 VW100 表示 VB100、VB101 这两个字节组成的字，其中 VB100 是高有效字节，VB101 是低有效字节。

双字编址：存储器标识符 + 双字长度（D）+ 起始字节号，如 VD100 表示由 VW100、VW102 这两个字组成的双字或由 VB100、VB101、VB102、VB103 这 4 个字节组成的双字，其中 VB100 是最高有效字节，VB103 是最低有效字节。

按照这种字节、字和双字编址方式编址的存储区有：输入映像寄存器（I）、输出映像寄存器（Q）、位存储器（M）、特殊存储器（SM）、局部变量存储器（L）、变量存储器（V）、顺序控制继电器（S）、模拟量输入映像寄存器（AI）和模拟量输出映像寄存器（AQ）。

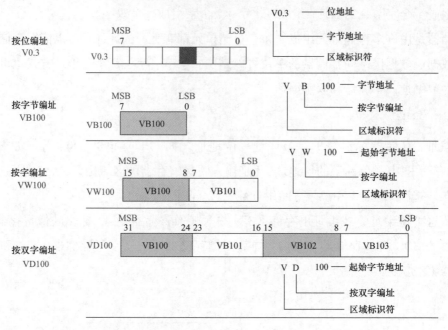

图 2-2　字节、字、双字的编址方式

3. 其他编址方式

数据区空间存储器区域中还包括定时器存储器、计数器存储器、累加器、高速计数器等，它们是模拟相关的电器元件，编址方式为：区域标识符和元件号。例如，T24 表示某定时器的地址，T 是定时器的区域标识符，24 是定时器号。

第三章

熟悉S7-200 PLC
基本指令

第一节 基本逻辑指令

S7-200 系列 PLC 的基本指令中，位逻辑指令是最重要的，是其他所有指令应用的基础。

一、触点类指令

在梯形图中常用的触点指令见表 3-1，主要进行触点的简单逻辑连接。

表3-1

触点类指令表

触点	梯形图符号	数据类型	操作数	备注
动合触点	bit —┤├—	位	I、Q、V、M、SM、S、T、C、L	当动合触点对应存储器位（bit）为 1 时，表示该触点接通
动断触点	bit —┤/├—			当动合触点对应存储器位（bit）为 0 时，表示该触点接通
立即动合触点	bit —┤I├—		I	当动合立即触点对应物理输入位（bit）为 1 时，表示该触点接通
立即动断触点	bit —┤/I├—			当动断立即触点对应物理输入位（bit）为 0 时，表示该触点接通
上升沿检测触点	—┤P├—	位	I、Q、V、M、SM、S、T、C、L	上升沿触点检测到触点的每一次正跳变（从断开到接通瞬间）之后，触点就接通一次
下降沿检测触点	—┤N├—			下降沿触点检测到触点的每一次负跳变（从接通到断开瞬间）之后，触点就接通一次

【触点类指令梯形图和语句表的识读】

（1）如图 3-1 所示是触点简单应用的梯形图程序、语句表与时序图。

从图可知，当 I0.0 接通时，Q0.0 接通，Q0.1 保持原状态不变。当 I0.3 断开时，Q0.1 断电。

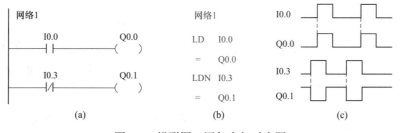

图 3-1　梯形图、语句表与时序图

（a）梯形图；（b）语句表；（c）时序图

（2）如图 3-2 所示是触点简单串联应用的梯形图程序、语句表与时序图。

当 I0.0、I0.1 和 I0.2 都接通时，Q0.0 接通。

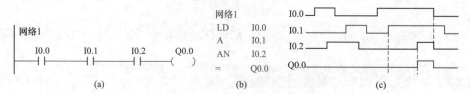

图 3-2　梯形图、语句表与时序图

（a）梯形图；（b）语句表；（c）时序图

（3）如图 3-3 所示是触点简单并联应用的梯形图程序、语句表与时序图。

当 I0.0 和 I0.1 只要有一个触点接通时，Q0.0 就接通。

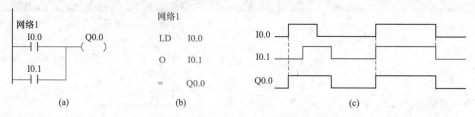

图 3-3　梯形图、语句表与时序图

（a）梯形图；（b）语句表；（c）时序图

（4）上升沿与下降沿触发指令的梯形图、语句表与时序图如图 3-4 所示。

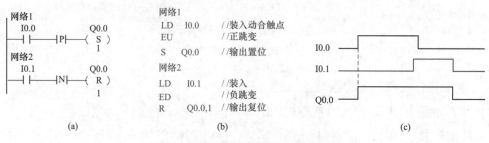

图 3-4　梯形图、语句表与时序图

（a）梯形图；（b）语句表；（c）时序图

（5）使用触点指令说明。

1）并联的 "=" 指令可以连续使用，但在同一程序中，同一线圈输出只能使用一次。

2）A、AN 是单个触点的连接指令，可以连续使用。S7-200PLC 的编程软件中规定的串联触点使用的上限次数为 11 次。

3）O、ON 指令可作为一个接点的并联连接指令，紧接在装载指令之后用，即对其前面装载指令所规定的触点再并联一个触点，可以连续使用。

二、线圈类指令

在梯形图中常用的线圈类指令见表3-2，主要是对输出寄存器位的控制。

表3-2

线圈类指令表

线圈	梯形图符号	数据类型	操作数	
线圈输出	—(bit)	位	I、Q、V、M、SM、S、T、C、L	当执行输出指令时，映像存储器指定的位（bit）被接通
线圈立即输出	—(bit I)		Q	当执行立即输出指令时，对应物理输出位（bit）被接通
线圈置位	—(bit S N)	位	I、Q、V、M、SM、S、T、C、L	当执行置位（置1）指令时，从位（bit）指定的地址参数开始的N个点被置1
线圈复位	—(bit R N)			当执行复位（置0）指令时，从位（bit）指定的地址参数开始的N个点被置0
线圈立即置位	—(bit SI N)		位：I、Q、V、M、SM、S、T、C、L N：VB、IB、QB、MB、SMB、SB、LB、AC、*VD、*AC、*LD、常识	当执行立即置位（置1）指令时，从位（bit）指定的地址参数开始的N个物理输出点被置1
线圈立即复位	—(bit RI N)			当执行立即复位（置0）指令时，从位（bit）指定的地址参数开始的N个物理输出点被置0

【线圈指令的识读】

如图3-5所示是触点与线圈指令应用的梯形图程序，触点与线圈指令应用的梯形图程序及梯形图对应的时序图如图3-5（a）和（c）所示。从图可知，当I0.0接通时，Q0.0接通、Q0.1置1接通、Q0.2与Q0.3这两位复位置0。

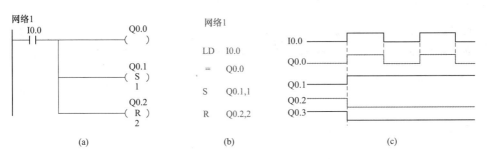

图3-5　触点与线圈指令应用的梯形图、语句表与时序图

（a）梯形图；（b）语句表；（c）时序图

S、R 指令的使用说明：

（1）S 指令是强制的将位存储区的指定位开始的 n 个同类存储位置位；R 指令是强制的将位存储区指定位开始的 n 个同类存储位复位。其中，n 的取值个数为 1 ~ 255。

（2）对于置位操作，一旦输出信号状态置"1"，即使输入条件又变为"0"，输出仍保持为"1"；一旦复位操作，输出信号状态置"0"。

（3）S、R 指令也用于结束一个逻辑串。因此，在梯形图中，S、R 指令要放在逻辑串的最右端，而不能放在逻辑串中间。

（4）R 指令还可用于复位定时器和计数器。当用 R 指令对定时器位或计数器位复位时，定时器或计数器被复位，同时定时器或计数器的当前值将被清零。

（5）对同一元件可以多次使用 S、R 指令（与输出指令不同）。但是由于扫描工作方式，故写在后面的指令具有优先权。在存储区的一位或多位被置位（复位）后，不能自己恢复，必须用 R（S）指令由"1"（"0"）跳回到"0"（"1"）。

第二节　定时器与计数器

一、定时器

定时器是 PLC 中最常用的元件之一，用以实现时间的控制。在 S7-200 系列 PLC 中的定时器按工作方式可分为延时接通定时器 TON、断开延时定时器 TOF 和保持型延时接通定时器 TONR 等三种类型；按时基脉冲有可分为 1ms、10ms、100ms 三种，具体指令类别和定时器精度与编号见表 3-3 和表 3-4。

表3-3

定时器的类别表

定时器类型	梯形图	指令	指令功能	数据类型及操作数
接通延时定时器	???? —IN　TON ????-PT	TON T***, PT	使能端（IN）输入有效时，定时器开始计时，当前值从 0 开始递增，大于或等于预置值（PT）时，定时器位置1（输出触点有效），当前值的最大值为 32767。 　　使能端无效（断开）时，定时器复位（当前值清零，输出状态位置 0）	T**：字型；常数 T0-T255，指定时器编号。 　　IN：位型；I、Q、V、M、SM、S、T、C、L 能流，指起动定时器。 　　PT：整数型；IW、QW、VW、MW、SMW、T、C、LW、AC、AIW、*VD、*LD、*AC 常数，指设定值输入端

续表

定时器类型	梯形图	指令	指令功能	数据类型及操作数
断开延时定时器	???? IN　TOF ????-PT	TOF T***, PT	使能端（IN）输入有效时，定时器输出状态位置1，当前值复位为0。 使能端（IN）断开时，开始计时，当前值从0递增，当前值达到预置值时，定时器状态位复位置0，并停止计时，当前值保持	T**：字型；常数T0-T255，指定时器编号。 IN：位型；I、Q、V、M、SM、S、T、C、L能流，指起动定时器。 PT：整数型；IW、QW、VW、MW、SMW、T、C、LW、AC、AIW、*VD、*LD、*AC常数，指设定值输入端
保持型延时接通定时器	???? IN　TONR ????-PT	TONR T***, PT	使能端IN输入有效时，定时器开始计时，当前值递增，当前值大于或等于预置值PT时，输出状态位置1。 使能端输入无效时，当前值保持，使能端IN再次接通有效时，在原记忆值的基础上递增计时。 保持型延时（TONR）定时器采用线圈的复位指令（R）进行复位操作，当复位线圈有效时，定时器当前值清零，输出状态位置0	

表3-4

定时器的精度与编号

定时器类型	定时精度	定时范围及最大值	定时器编号
TONR	1ms	定时时间 T = 时基 * 预置值；32.767s	T0，T64
	10ms	定时时间 T = 时基 * 预置值；327.67s	T1 ～ T4，T65 ～ T68
	100ms	定时时间 T = 时基 * 预置值；3276.7s	T5 ～ T31，T69 ～ T95
TON/TOF	1ms	定时时间 T = 时基 * 预置值；32.767s	T32，T96
	10ms	定时时间 T = 时基 * 预置值；327.67s	T33 ～ T36，T97 ～ T100
	100ms	定时时间 T = 时基 * 预置值；3276.7s	T37 ～ T63，T101 ～ T255

【定时器的识读】

1. 通电延时型定时器

如图 3-6 所示是通电延时型定时器应用梯形图。当 I0.2 接通后,时间到达 3s,Q0.0 接通。程序状态时序图和语句表如图 3-6(b)和(c)所示。

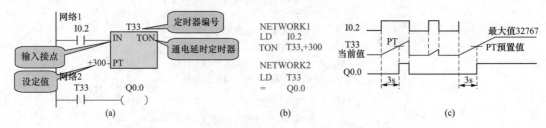

图 3-6　通电延时型定时器应用程序、语句表与时序图

（a）梯形图；（b）语句表；（c）时序图

2. 断电延时型定时器

如图 3-7 所示是断电延时型定时器应用梯形图。当 I0.0 接通,Q0.0 立即接通;当 I0.0 断开,定时器延时 3s 后,Q0.0 断开,程序状态时序图和语句表见图 3-7(b)和(c)所示。

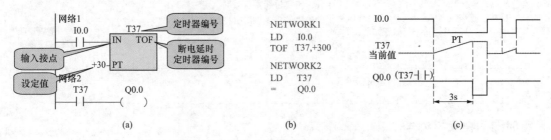

图 3-7　断电延时型定时器应用程序、语句表与时序图

（a）梯形图；（b）语句表；（c）时序图

3. 定时器使用说明

（1）使用 S7-200PLC 的定时器,必须注意的是：1ms、10ms、100ms 定时器刷新方式不同。1ms 定时器由系统每隔 1ms 刷新一次,与扫描周期及程序处理无关,当扫描周期较长时,在一个扫描周期内多次被刷新,其当前值在每个扫描周期内可能不一致;10ms 定时器则由系统在每个扫描周期开始时自动刷新,因此每个周期只刷新一次,其当前值为常数;100ms 定时器则在该定时器指令执行时才被刷新。

（2）因扫描方式不同,时基为 1ms 和 10ms 的定时器,一般不能用本身触点作为该定时器的激励输入条件;时基为 100ms 的定时器,用本身触点作为该定时器的激励输入条件时,定时器都能正常工作。

二、计数器

计数器利用输入脉冲上升沿累计脉冲个数，在实际应用中用来对产品进行计数或完成复杂的逻辑控制任务。计数器的使用方法与定时器基本相似，编程时各输入端都应有控制信号，依据设定值及计数器类型决定动作时刻，以便完成计数控制任务。

S7-200 系列 PLC 有递增计数（CTU）、增／减计数（CTUD）、递减计数（CTD）等三类普通计数器，其编号为 C0 ~ C255。具体指令类别见表 3-5。

表3-5

计数器指令类别表

计数器类型	梯形图	指令	指令功能	数据类型及操作数
递增计数 CTU	CU CTU / R / PV	CTU C***, PV	增计数指令在 CU 端输入脉冲上升沿，计数器的当前值增 1 计数。当前值大于或等于预置值（PV）时，计数器状态位置 1。当前值累加的最大值为 32767。复位输入（R）有效时，计数器状态位复位（置 0），当前计数值清零	C***：字型，常数（0 ~ 255）。CU、R：位，能流。PV：整数型，VW、IW、QW、MW、SMW、LW、AIW、AC、T、*VD、*AC、*LD、*SW、常数
递减计数 CTD	CD CTD / LD / PV	CTD C***, PV	复位输入（LD）有效时，计数器把预置值（PV）装入当前值存储器，计数器状态位复位（0）。CD 端每来一个输入脉冲上升沿，减计数器的当前值从预置值开始递减计数，当前值等于 0 时，计数器状态位置位（1），并停止计数	C***：字型，常数（0 ~ 255）。CD、LD：位，能流。PV：整数型，VW、IW、QW、MW、SMW、LW、AIW、AC、T、*VD、*AC、*LD、*SW、常数
增／减计数 CTUD	CU CTUD / CD / R / PV	CTUD C***, PV	增／减计数器 CU 输入端用于递增计数，CD 输入端用于递减计数，指令执行时，CU/CD 端计数脉冲的上升沿当前值增 1／减 1 计数。当前值大于或等于计数器预置值（PV）时，计数器状态位置 1。复位输入（R）有效或执行复位指令时，计数器状态位复位，当前值清零	C***：字型，常数（0 ~ 255）。CU、CD、R：位，能流。PV：整数型，VW、IW、QW、MW、SMW、LW、AIW、AC、T、*VD、*AC、*LD、*SW、常数

【计数器的识读】

1. 递增计数器

如图 3-8 所示是递增计数器应用梯形图。当 I0.0 触点由断开到接通，CU 端接受一次脉冲，计数器的值加 1，当计数值大于或等于设定值 3 时，计数器 C5 的状态被置位 1。C5 触点接通，Q0.0 接通；当复位（R）端的 I0.1 接通时，C5 计数器复位，当前值清零，Q0.0 断开。程序语句表与状态时序图如图 3-8（b）和（c）所示。

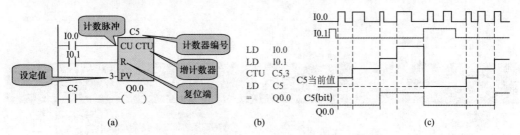

图 3-8　递增计数器应用程序、语句表与时序图

（a）梯形图；（b）语句表；（c）时序图

2. 递减计数器

如图 3-9 所示是递减计数指令应用梯形图。当 I3.0 触点由断开到接通，CD 端接受一次脉冲，计数器的值减 1，当计数器的值减为 0 时，计数器 C50 的状态被置位 1。C50 触点接通，Q0.0 接通；当复位（R）端的 I1.0 接通时，C50 计数器复位，当前值回复为设定值，Q0.0 断电。程序语句表与状态时序图如图 3-9（b）和（c）所示。

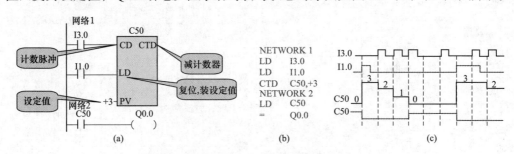

图 3-9　递减计数指令应用程序、语句表与时序图

（a）梯形图；（b）语句表；（c）时序图

3. 计数器使用说明

（1）程序中不能重复使用同一个计数器的编号，每个计数器只能使用一次。

（2）对于增 / 减计数指令，当计数达到计数器最大值 32767 后，下一个 CU 输入上升沿将使计数值变为最小值（ - 32678）。同样达到最小值（ - 32678）后，下一个 CD 输入上升沿将使计数值变为最大值（32767）。

（3）因计数器不能自动复位，使用时要注意复位。

第四章

掌握PLC常用基本控制程序

第一节 识读梯形图与语句表

一、如何识读梯形图与语句表

1. 分析控制系统

首先分析 PLC 控制的设备功能和控制要求，都有哪些需要操作控制的动作、运行的状态、保护的动作等。进一步分析工艺流程及其对应的执行装置和元器件。

2. 结合 PLC 的 I/O 接线图理解梯形图与语句表

看 PLC 控制系统的 I/O 配置和 PLC 的 I/O 接线，查看输入信号和对应输入继电器的配置、输出继电器的配置及其所接的对应负载。在没有给出输入 / 输出设备定义和 PLC 的 I/O 配置的情况下，应根据 PLC 的 I/O 接线图、梯形图和指令语句表，做出输入 / 输出设备定义和 PLC 的 I/O 配置。

3. 梯形图的结构分析

分析程序的结构，如主程序结构、中断、子程序结构等。分析梯形图的编程方法是采用起 / 保 / 停电路、步进顺序控制指令进行编程还是用置位 / 复位指令进行编程；是采用基本逻辑编程法还是顺序功能图编程法；采用顺序功能图的单序列结构还是选择序列结构、并行序列结构。

二、识读梯形图与语句表的具体方法

1. 继电器与梯形图的对照法

对于初学者如果对继电器接触器控制电路比较熟悉，可以沿用识读继电器接触器控制电路查线读图法，按照从左到右、自上而下，按梯级顺序逐级找出负载的起动条件、停止条件进行识图。

2. 逻辑关系分析法

分析 PLC 控制系统的 I/O 配置和 PLC 的 I/O 接线图，查看输入信号和对应输入继电器的配置、输出继电器的配置及其所接的对应负载。

（1）先分析 PLC 的输入端。根据 PLC 的 I/O 接线图的输入设备及其相应的输入继电器，读懂 PLC 输入端各个点的输入指令的功能与意义，明确输入是开关量还是物理量，找出相应编程元件，并在梯形图或语句表中找出输入继电器的动合触点、动断触点，并标注一下哪个是起动，哪个是停止，哪个是限位等文字性说明。

（2）再分析PLC的输出端。根据PLC的I/O接线图的输出设备，读懂PLC输出端各个点的输出信号、执行开关电器的功能与意义，明确输出是开关量还是物理量，在梯形图或语句表中找到该输出继电器的程序段，并做出标记和说明。

（3）进一步分析输入与输出的逻辑关系，分别控制、执行相关操作任务，并对照梯形图，一行一行地进行详细分析。

【识读举例】

如图4-1所示传统继电器控制KM线圈的吸合和断开的控制电路图与相对应的是PLC梯形图。图中设备SB1和SB2分别是起动按钮和停止按钮，对应于梯形图的I0.0与I0.1。KM线圈对应于Q0.0线圈。

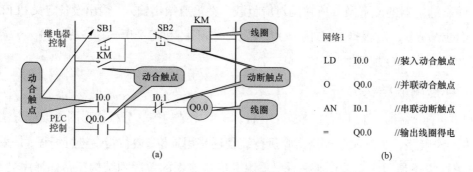

图4-1　梯形图与语句表

（a）梯形图；（b）语句表

【工作过程分析】

起动：接通I0.0触点闭合 ➡ Q0.0得电 ➡ Q0.0动合触点闭合自锁 ➡ 当I0.0恢复动合时，Q0.0保持接通状态。

停止：接通I0.1触点断开 ➡ Q0.0失电 ➡ 当I0.1恢复动断时，Q0.0保持断开状态。

3. 单元分析法

将整个梯形图分解成若干个基本单元梯形图（可以把每一个输出端子的控制作为一个单元），然后对基本单元进行分析的方法称为单元分析法。

（1）梯形图具有主程序、子程序或中断程序的程序结构。可利用单元分析法把主程序看成一个基本单元，子程序看成一个单元，中断程序看成一个单元进行分析。

（2）结合 PLC 的 I/O 接线，把梯形图和指令语句表分解成与主电路的负载（如电动机）相对应的几个单元电路，一个独立负载为一个单元，然后由操作主令电路（如按钮、行程开关）开始，查线追踪到主电路控制电器动作（如接触器、电磁阀）为止。有些单元在这中间过程要经过许多编程元件及电路，查找起来比较困难，应结合其他方法综合分析。

（3）若独立负载（如电动机）为单元的梯形图，可能仍然很复杂，但无论多么复杂的梯形图，都是由一些基本单元构成。需要的话还可进一步分解，直至分解为最小基本单元电路。

（4）结合逻辑分析法，分析各单元之间的关系后，再综合分析，顺读整个梯形图。

【识读举例】识读 PLC 控制电动机正反转电路的步骤与方法

（1）识读主电路（见图 4-2）。从主电路结构分析可知，要实现电动机正反转，主要实现对正转接触器 KM1 和反转接触器 KM2 的控制。因此可知，PLC 输出要控制接触器线圈的得电与失电。

（2）识读 I/O 接线图和 I/O 地址分配表（见表 4-1）可知，PLC 输入端 I0.0 接停止按钮，PLC 输入端 I0.1 接正转起动按钮，PLC 输入端 I0.2 接反转起动按钮，PLC 输入端 I0.3 接热继电器动合触点。PLC 输出端 Q0.1 和 Q0.2 分别接 KM1 和 KM2 接触器线圈。

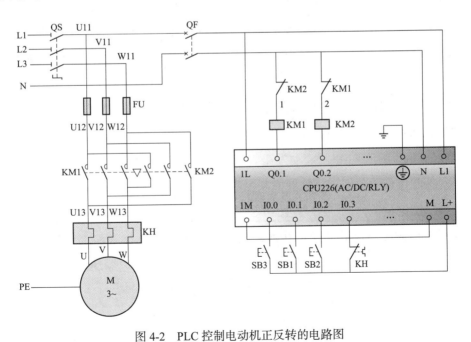

图 4-2　PLC 控制电动机正反转的电路图

表4-1

I/O地址分配表

输入量			输出量		
名称	字母代号	地址	名称	字母代号	地址
停止按钮	SB3	I0.0	正转接触器	KM1	Q0.1
正转起动按钮	SB1	I0.1	反转接触器	KM2	Q0.2
反转起动按钮	SB2	I0.2	—	—	—
热继电器	KH	I0.3	—	—	—

（3）识读正转接触器 KM1 线圈控制。上述两步分析可知 I/O 的端子分配一定，那么正转按钮与正转接触器之间是怎样的一种联系呢？从输入与输出之间的关系入手，分析梯形图（如图 4-3 所示）找出相关的逻辑关系。

1）KM1 起动条件：正转起动按钮 SB1 闭合，KM1 线圈得电。

2）KM1 保持的条件：KM1 线圈吸合后，KM1 动合触点闭合自锁。

3）KM1 停止条件：按下停止按钮 SB3 后，KM1 线圈失电。

考虑到线路要有完善的保护功能，当保护动作时，KM1 线圈都应断电，如电动机出现过载保护，正反转控制线路的互锁功能等。当热继电器动断触点和反转接触器动断触点，只要其中一个动断触点动作，都可使 KM1 线圈失电。因此，停止按钮、热继电器动断触点和反转接触器动断触点在梯形图中是串联连接。

（4）识读正转接触器 KM2 线圈控制。识读步骤与方法同 KM1，也是先从输入与输出之间的关系入手，分析找出相关的逻辑关系。

1）KM2 起动条件：正转起动按钮 SB2 闭合，KM2 线圈得电。

2）KM2 保持的条件：KM2 线圈吸合后，KM2 动合触点闭合自锁。

3）KM2 停止条件：按下停止按钮 SB3 后，KM2 线圈失电。

考虑到线路要有完善的保护功能，当保护动作时，KM2 线圈都应失电。例如电动机出现过载保护，正反转控制线路的互锁功能等。当热继电器动断触点和正转接触器动断触点，只要期中一个动断触点动作，都可使 KM2 线圈失电。因此，停止按钮、热继电器动断触点和正转接触器动断触点在梯形图中是串联连接。

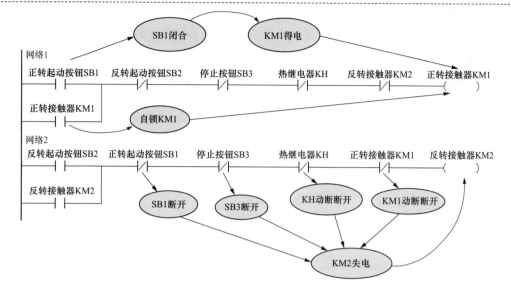

图 4-3　正反转梯形图程序

（5）综合分析，找出正转与反转之间存在的相互联系后，顺读整个梯形图。

上图中正转与反转控制的存在两种联系。一是输入之间具有互锁功能，即正转起动按钮和反转起动按钮之间有互锁；二是输出之间存在互锁，即正转输出 KM1 与反转输出 KM2 之间的动断触点互锁。

三、梯形图编程规则

PLC 在编写梯形图时有一些具体的编程规则，在编程时应遵循这些规则，保证所编写的程序简洁正确。

（1）在 PLC 编程中，输入、输出映像寄存器、内部辅助继电器与定时器等元件的触点有无数个，可多次重复使用，无须用复杂的程序结构来减少触点的使用次数。

（2）梯形图的每一行都是从左边母线开始，线圈接在最后边或右母线上（右母线可以不画出）。触点不能放在线圈的右边，即线圈与右母线之间不能有任何触点。如图 4-4 所示。

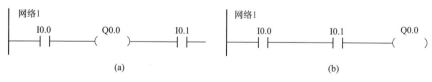

图 4-4　线圈与触点的位置

（a）不正确梯形图；（b）正确梯形图

（3）线圈不能直接与左边母线相连，即左母线与线圈之间一定要有触点。如果需要，可以通过专用内部辅助继电器SM0.0的动合触点连接，如图4-5所示。SM0.0为S7-200PLC中的常接通辅助继电器。

图4-5　SM0.0 的应用

（a）不正确梯形图；（b）正确梯形图

（4）一般情况下，在梯形图中同一线圈只能出现一次。如果在程序中，同一线圈使用了两次或多次，称为"双线圈输出"。"双线圈输出"容易引起误操作，应避免线圈重复使用，如图4-6所示。

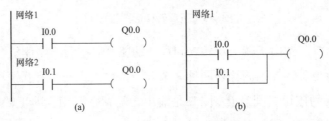

图4-6　相同编号的线圈程序

（a）不正确梯形图；（b）正确梯形图

（5）梯形图必须符合顺序执行原则，即从左到右、从上到下地执行。不符合顺序执行的电路，不能直接编程，如图4-7所示。

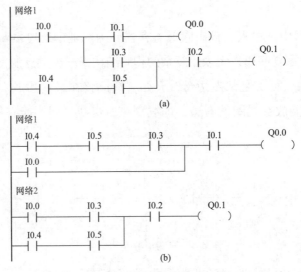

图4-7　不符合顺序执行编程规则的程序处理

（a）不正确梯形图；（b）正确梯形图

（6）在梯形图中，有几个串联电路相并联时，应将串联触点多的回路放在上方，即遵循"上重下轻"的原则，如图4-8（b）所示。在有几个并联电路相串联时，应将并联触点多的回路放在左方，即遵循"左重右轻"的原则，如图4-8（d）所示。这样所编制的程序简洁明了，指令条数减少，扫描周期缩短。如图4-8所示为梯形图程序的合理优化。

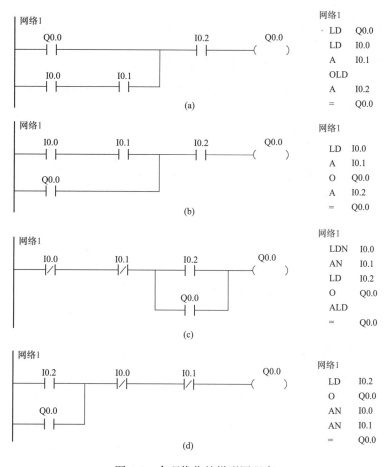

图4-8 合理优化的梯形图程序

（a）串联触点位置不当；（b）串联触点位置合理；（c）并联触点位置不当；（d）并联触点位置合理

（7）梯形图中的触点可以串联或并联，但继电器线圈只能并联而不能串联，如图4-9所示。

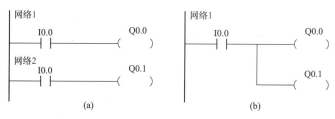

图4-9 多线圈并联输出程序

（a）复杂的梯形图；（b）简化的梯形图

第二节　PLC常用基本控制程序实例

一、起、保、停控制程序

起、保、停控制程序是利用触点与线圈的指令完成的一种编程方法，如图4-10所示是简单的起保停控制程序。识读与编写起保停程序的关键是找出起动条件、停止条件和保持条件。

```
网络1
        I0.0              I0.1                    Q0.0
        ┤├        ┬        ┤/├                   (      )
                  │
        Q0.0      │
        ┤├────────┘
```

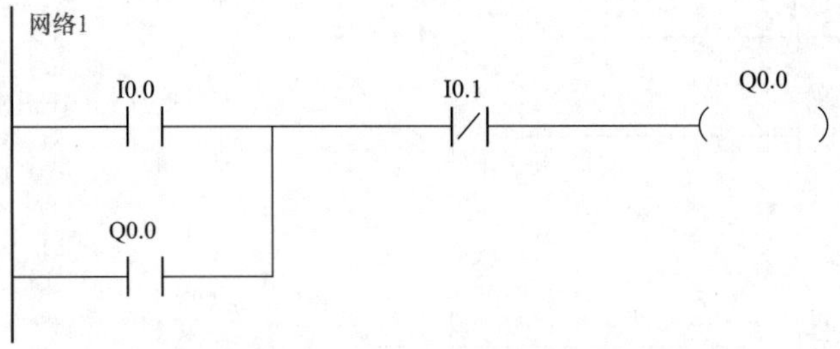

图4-10　简单的起、保、停控制程序

（1）起动、保持与停止的解释如下。

1）起动。当前步的起动条件I0.0，在继电控制中与起动的命令按钮功能相同，驱动被控对象"得电"动作。

2）停止。为当前步的停止条件I0.1，当转换条件成立后程序执行停止。其在继电控制中相当于停止按钮将驱动被控对象"断电"动作。

3）保持。在继电控制中相当于自锁触点的功能，即除非停止命令动作，否则由自保持触点让对象持续被驱动。

（2）在识读与编写梯形图程序或指令列表程序时，先熟读控制的要求，将每个对象的起动条件、停止条件和保持条件填写在起、保、停控制程序的列表中，然后利用该表来识读与编写程序。一般起保停列表包括的项目有控制对象、起动条件、停止条件、保持条件等见表4-2。

（3）起、保、停控制编程方式梯形图描述。

图4-10所示为起、保、停控制编程方式的梯形图格式说明。

1）梯形图中的起动条件不一定就只是一个触点，也可以是一个逻辑电路块。

2）梯形图中的停止条件不一定就只是一个触点，也可以是一个逻辑电路块。

3）起动条件并联时表示为多种起动方式，比如异地操作。

4）停止条件串联时表示为多种停止方式，比如异地操作。

5）保持条件为单触点。

6）当涉及多重驱动时，一般需要利用辅助继电器转换。

7）当驱动时间继电器时，一般需要辅助继电器来保持被持续的驱动。

表4-2

起、保、停控制程序识读与编程样表

被控对象	起动	保持	停止	驱动	其他

【识读交通灯的起、保、停程序】

如图 4-11 所示是简单的交通灯控制梯形图。识读梯形图时，先列出起、保、停控制程序表，再分析梯形图。

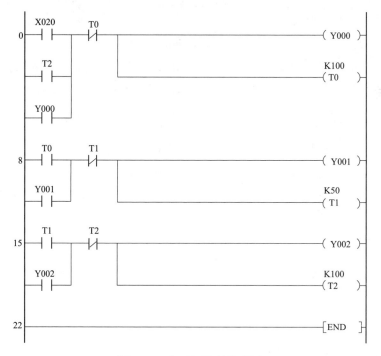

图 4-11 交通灯控制梯形图

1. 填写起、保、停的列表。

交通灯控制起、保、停列表见表4-3。

表4-3

交通灯控制起、保、停控制程序表

被控对象	起动	保持	停止	驱动	其他
红灯	X20+T2	Y0	T0	Y0	T0（10s）
黄灯	T0	Y1	T1	Y1	T1（5s）
绿灯	T1	Y2	T2	Y2	T2（10s）

2. 分析梯形图

当X20闭合时，设备开始工作，红灯Y0亮10s后熄灭；红灯熄灭后黄灯Y1亮5s后熄灭；黄灯熄灭后绿灯Y2亮10s后熄灭；然后从头开始循环。

二、互锁控制程序

为了使电动机能够正转和反转，可采用两个接触器KM1、KM2换接电动机三相电源的相序，但两个接触器不能同时吸合，如果同时吸合将造成电源的短路事故，为了防止这种事故，在电路中应采取可靠的互锁，在各自的控制电路中串接入对方的动断辅助触头，来实现互锁控制。如图4-12所示是利用起、保、停方式编制的具有互锁电路的电动机正反转控制梯形图，具体I/O地址分配表见表4-4。

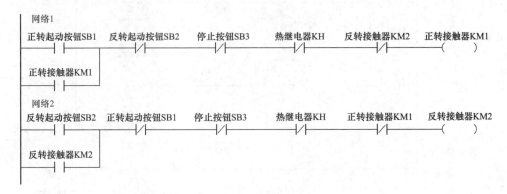

图4-12 具有互锁电路的电动机正反转控制梯形图

【识读互锁控制程序】

（1）识读梯形图时，先分析输入信号和输出信号。

图中正转起动按钮 SB1、反转起动按钮 SB2、停止按钮 SB3 及热继电器 KH 属于输入元件，产生控制指令，应与 PLC 的输入端子相连接；而正转接触器 KM1、反转接触器 KM2 属于被控对象（或负载），即输出元件，应与 PLC 的输出端子相连接。

（2）根据分析出的输入与输出信号，列出 I/O 地址分配表，见表4-4。

表4-4

I/O地址分配表

输入量			输出量		
名称	字母代号	地址	名称	字母代号	地址
停止按钮	SB3	I0.0	正转接触器	KM1	Q0.1
正转起动按钮	SB1	I0.1	反转接触器	KM2	Q0.2
反转起动按钮	SB2	I0.2	—	—	—
热继电器	KH	I0.3	—	—	—

（3）分析梯形图。

1）线圈触点互锁：动断触点 KM1/KM 相互串联在对方回路中。

2）按钮触点互锁：起动按钮 SB1/SB2 的动断触点相互串联在对方回路中。

3）当按下正转起动按钮 SB1 时，电动机正转起动运行；当按下反转起动按钮 SB2 时，电动机停止正转并开始反转起动运行；或者，当按下停止按钮 SB3 或热继电器 KH 动作时，电动机停止运行。

4）当按下反转起动按钮 SB2 时，电动机反转起动运行；当按下正转起动按钮 SB1 时，电动机停止反转并开始正转起动运行；或者，当按下停止按钮 SB3 或热继电器 KH 动作时，电动机停止运行。

5）具有短路保护和过载保护等必要的保护措施。

三、瞬时接通/延时断开控制程序

当 PLC 的输入信号 I0.0 有效后，PLC 立即有输出，Q0.0 接通。而输入信号断开时，输出信号 Q0.0 延时一段时间才断开，如图 4-13 所示为该控制要求的梯形图与时序图。

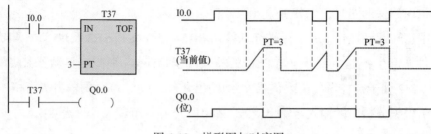

图 4-13　梯形图与时序图

【识读瞬时接通 / 延时断开控制程序】

（1）程序中所用定时器为断电延时定时器。

（2）输入端子 I0.0 接通，T37 定时器立即接通，Q0.0 立即接通输出。

（3）当输入端子 I0.0 断开，T37 定时器开始延时，延时 3s 后定时器复位，Q0.0 输出断开。

四、延时接通控制程序

当 PLC 的输入信号 I2.0 有效后，T37 定时器接通开始延时，延时时间 3s 到，PLC 立即有输出，Q0.0 接通输出，当输入信号断开时，Q0.0 立即断开。如图 4-14 所示为该控制要求的梯形图与时序图。

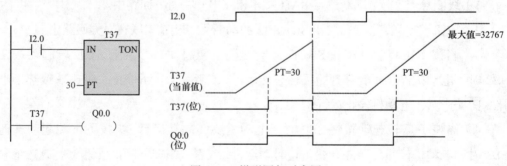

图 4-14　梯形图与时序图

【识读延时接通控制程序】

（1）程序中所用定时器为通电延时定时器。

（2）输入端子 I2.0 接通，T37 定时器开始延时，延时 3s 后定时到 Q0.0 立即接通输出。

（3）当输入端子 I2.0 断开，T37 定时器立即复位，Q0.0 输出断开。

五、延时接通/延时断开控制程序

当 PLC 输入信号 I0.0 接通时，延时一段时间输出信号 Q0.0 接通。当输入信号 I0.1 接通时，输出信号 Q0.0 延时一段时间后断开。如图 4-15 所示为该控制要求的梯形图。

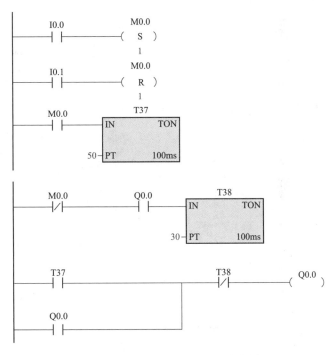

图 4-15　延时接通 / 延时断开控制梯形图

【识读延时接通 / 延时断开控制程序】

（1）实现此功能需要两个定时器配合使用。

（2）当 I0.0 接通，M0.0 置位，M0.0 的动合触点闭合，接通 T37 延时 5s 作为 Q0.0 的起动条件，接通 Q0.0。

（3）在 M0.0 置位后，串在 T38 回路上的 M0.0 动断触点断开，Q0.0 动合触点闭合，T38 等待得电。当接通 I0.1 时，M0.0 复位，触点也复位，T38 延时 3s 断开 Q0.0。

六、顺序延时接通控制程序

有三台电动机 M1、M2、M3 顺序控制，当按下起动按钮 SB1 时，PLC 的输入信号 I0.0 有效后，电动机 M1 起动；M1 起动后，延时 5s 第二台电动机 M2 起动；M2 起动后，再延时 5s 第三台电动机 M3 起动。按下停止按钮 SB2 时，PLC 的输入信号 I0.1 有效后，三台电动机同时停止。如图 4-16 所示为该控制要求的梯形图。

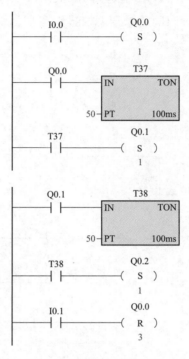

图 4-16　顺序控制梯形图

【识读顺序延时接通控制程序】

（1）程序中顺序转换是以时间为中心的，如 M2 的起动是以 T37 定时器为中心，M3 的起动是以 T38 定时器为中心。

（2）当 I0.0 接通，Q0.0 置位。Q0.0 的动合触点接通 T37 定时器，延时 5s 后 Q0.1 置位。Q0.1 的动合触点接通 T38 定时器，延时 5s 后 Q0.2 置位，三台电动机延时顺序起动。

（3）当 I0.1 接通后，Q0.0、Q0.1 和 Q0.2 同时复位。

七、长时间延时控制程序

在 S7-200 PLC 中定时器最长定时时间不到 1 小时，但在实际应用中，经常需要几小时的定时控制，这样一个定时器是不能完成任务，下面分析几种长延时控制程序。

1. 多个定时器组合实现长延时控制

图4-17是利用两个定时器组成的长延时控制电路。

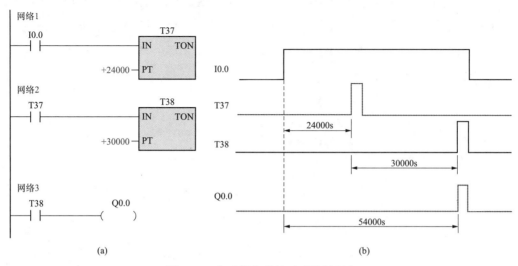

(a)

图4-17 定时器串联长延时控制程序

（a）梯形图；（b）时序图

【识读定时器串联长延时控制程序】

（1）图中是两级定时器串联使用，T37 延时 T_1=2400s，T38 延时 T_2=3000s，总计延时 $T=T_1+T_2$=5400s。

（2）n 个定时器的串级组合，可扩大延时范围为：$T=T_1+T_2+\cdots+T_n$。

2. 定时器与计数器组合实现长延时控制

图4-18是利用定时器与计数器组合应用来实现长延时电路的控制程序。

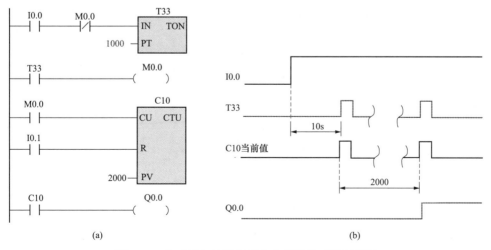

(a)

图4-18 定时器与计数器组合实现长延时控制程序

（a）梯形图；（b）时序图

【识读定时器与计数器组合长延时控制程序】

图中是利用定时器与计数器组合应用来实现长延时电路控制的。当 I0.0 闭合时，T33 的延时范围为 10s，M0.0 每 10s 接通 1 次，作为 C10 的计数脉冲，当达到 C10 的设定值 2000 时，已实现 2000×10s=20000s 的延时，C10 动合触点闭合，使输出线圈 Q0.0 接通。当 I0.1 闭合，计数器 C10 复位。

3. 计数器串联组合实现长延时控制

图 4-19 是定时器与计数器组合应用的长延时控制电路的梯形图程序。

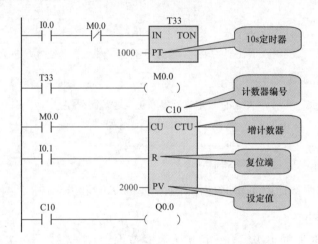

图 4-19　计数器控制长延时电路的梯形图

图 4-20 是计数器控制长延时电路的时序图和所对应的语句表。

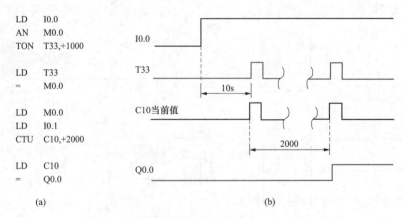

图 4-20　计数器控制长延时电路的时序图与语句表

（a）语句表；（b）时序图

【识读计数器长延时电路程序】

（1）图中是利用定时器与计数器组合应用来实现长延时电路控制的。

（2）当I0.0闭合时，T33的延时范围为10s，M0.0每10s接通1次，作为C10的计数脉冲，当达到C10的设定值2000时，已实现2000×10s＝20000s的延时，C10动合触点闭合，使输出线圈Q0.0接通。

（3）当I0.1闭合，计数器C10复位。

八、闪烁控制程序

闪烁控制程序实际是一个振荡控制程序，该电路可实现闪烁控制，如图4-21所示是一种典型的闪烁控制程序。

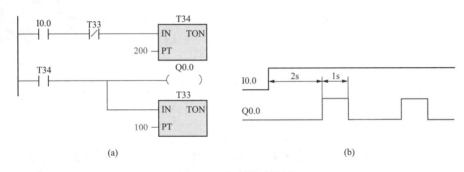

图4-21　闪烁控制程序

（a）梯形图；（b）时序图

【识读闪烁控制程序】

（1）图中是用2个定时器组成的闪烁电路，用来控制一盏指示灯的闪烁。

（2）当I0.0闭合时，T34产生一个1s通、2s断的闪烁信号，来控制Q0.0通1s、断2s，实现报警灯的闪烁。

九、声光报警控制程序

当设备发生故障时，报警电路中的报警灯闪烁，报警电铃鸣响，提示操作人员有故障发生。按下消铃按钮，电铃关闭，当故障排除后报警灯熄灭。如图4-22所示是一种典型的声光报警控制程序。

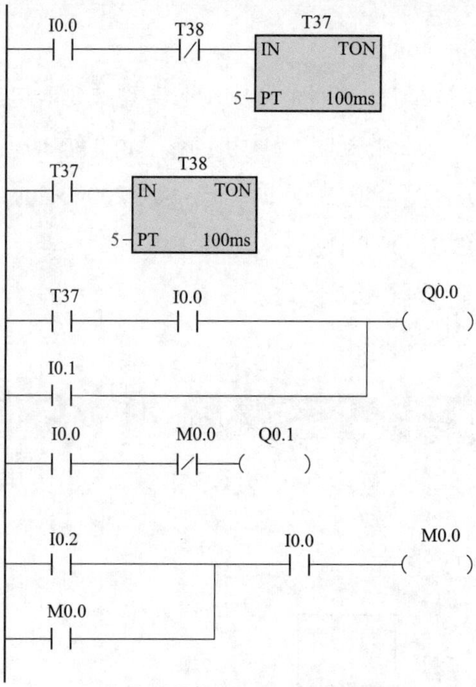

图 4-22　声光报警控制程序

【识读声光报警控制程序】

（1）输入端子 I0.0 为故障报警输入条件，当 I0.0 接通时，T37 与 T38 构成振荡控制程序，Q0.0 报警灯每隔 1s 进行闪烁报警，同时 Q0.1 所接的报警电铃鸣响。

（2）I0.1 是报警灯的测试信号。

（3）输入端子 I0.2 为警铃声音消除条件。

十、两地控制一盏灯程序

要求在两个不同地方的开关控制一盏灯，按下任一开关，灯泡的状态就发生一次变化，如图 4-23 所示是两地控制程序。

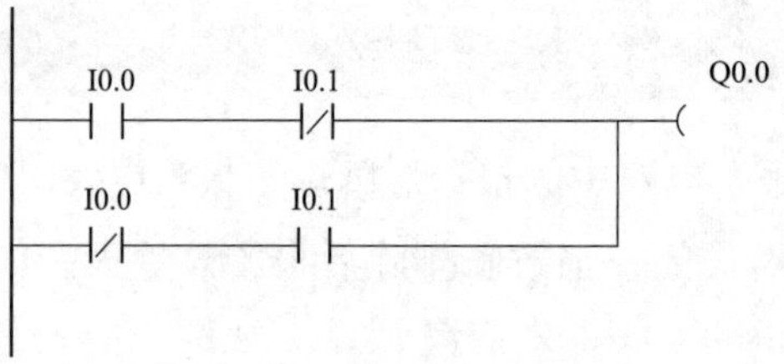

图 4-23　两地控制程序

【识读两地控制一盏灯程序】

（1）开关1接到输入点I0.0端子，当I0.0闭合时，Q0.0状态发生一次变化。

（2）开关2接到输入点I0.1端子，当I0.1闭合时，Q0.0状态发生一次变化。

十一、单按钮控制设备起停程序

要求是利用一只按钮完成设备的起停控制，当第一次按下时，设备起动；当第二次按下该按钮时，设备停止；第三次按下该按钮时，设备又起动，如此循环。如图4-24所示是单按钮控制设备起停的控制程序。

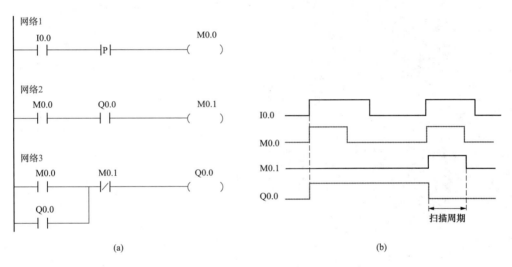

图 4-24　单按钮控制设备起停的控制程序

（a）梯形图；（b）时序图

【识读单按钮控制设备起停程序】

（1）当第一次按下按钮使I0.0闭合，其上升沿脉冲使继电器M0.0闭合一个扫描周期，Q0.0输出线圈接通并保持。

（2）当第二次按下该按钮使I0.0闭合，M0.0再次接通一个扫描周期并与以闭合的Q0.0辅助触点共同触发继电器M0.1，使其接通一个扫描周期，辅助动断触点M0.1断开使其Q0.0输出线圈失电复位。

（3）第三次按下该按钮，电动机再次起动，如此循环。

第五章

掌握步进顺序控制与编程

第一节 识读顺序功能图

梯形图的设计方法一般称为经验设计法，经验设计法没有一套固定的步骤可循，具有很大的试探性和随意性。在设计复杂系统的梯形图时，用大量的中间单元来完成记忆、连锁和互锁等功能，由于需要考虑的因素很多，这些因素又往往交织在一起，分析起来非常困难。

顺序控制设计法是一种先进的设计方法，很容易被初学者接受，有经验的工程师使用顺序控制设计法，也会提高设计的效率，程序调试、修改和阅读也更方便。

一、顺序控制

所谓顺序控制，就是按照生产工艺预先规定的顺序，在各个输入信号的作用下，根据内部状态和时间的顺序，在生产过程中各个执行机构自动地有序地进行操作。

例如，某设备有三台电动机，控制要求是，按下起动按钮，第一台电动机 M1 起动；运行 5s 后，第二台电动机 M2 起动；M2 运行 15s 后，第三台电动机 M3 起动。按下停止按钮，3 台电动机全部停机。

现将三台电动机顺序控制的各个控制步骤用工序表示，并依工作顺序将工序连接起来，如图 5-1 所示。该工序图具有以下特点。

（1）复杂的控制任务或工作过程分解成若干个工序。

（2）各工序的任务明确而具体。

（3）各工序间的联系清楚，可读性很强，能清晰地反映整个控制过程，并给编程人员清晰的编程思路。

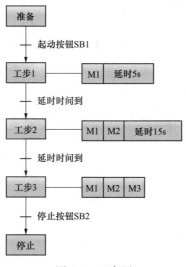

图 5-1 工序图

二、顺序功能图

顺序功能图是来描述顺序控制过程的,任何一个顺序控制过程都可以分解为若干个阶段,称为步或状态,每个状态都有不同的动作,当相邻两状态之间的转换条件得到满足时,就将实现转换,即由上一个状态转换到下一个状态。根据图 5-1 可以画出三台电动机顺序控制的功能图,如图 5-2 所示。

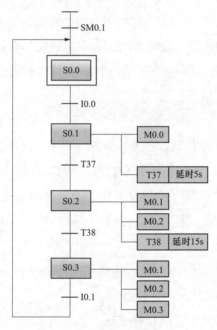

图 5-2   顺序功能图

顺序功能图(简称功能图),又叫状态序列图或状态转移图。它由步、有向连线、转换、转换条件和动作(或命令)组成。

(1)步。步是控制系统中的一个相对稳定的状态,它是根据输出量的状态变化来划分的,在任何一步内,各个输出量的 ON/OFF 状态不变,但是相邻步的输出量总的状态是不同的。在顺序功能图中分为中间步和初始步,如图 5-3 所示。

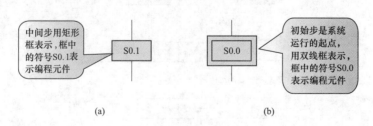

图 5-3   中间步和初始步

(a)中间步;(b)初始步

（2）有向线段。步与步之间的有向线段用来表示步的活动状态和进展方向。从上到下和从左到右这两个方向上的箭头可以省略，其他方向上必须加上箭头用来注明步的进展方向。图5-4中序列方向始终向下，因而省略了箭头。

（3）转换。用来将相邻两步分隔开，用与有向连线垂直的短划线表示，如图5-4所示。

（4）转换条件。转换条件是与转换有关的逻辑命题，转换条件可以用文字语言、布尔代数表达式或图形符号标注在表示转换的短线的旁边，如图5-4所示。

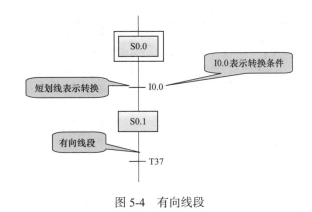

图5-4　有向线段

（5）动作（或命令）。一个步表示控制过程中的稳定状态，它可以对应一个或多个动作。可以在步右边加一个矩形框，在框中用简明的文字说明该步对应的动作。图5-5（a）表示一个步对应一个动作。图5-5（b）表示一个步对应多个动作。

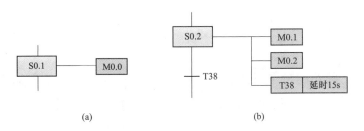

图5-5　动作（或命令）

（a）一个步对应一个动作；（b）一个步对应多个动作

三、设计顺序功能图的方法和步骤

下面以小车往返的控制来说明顺序功能图的绘制方法。

如图5-6所示小车自动往的示意图，其控制要求如下。

当按下起动按钮SB，电动机M正转（由输出线圈Q0.0驱动），小车向右前进，碰到限位开关 SQ1 后，电动机 M 反转（由输出线圈 Q0.1 驱动），小车向左后退，当小车后退碰到限位开关 SQ2 后，小车电动机 M 停转，小车停车 3s 后，第二次向右前进，碰到限位开关 SQ3，再次后退，当后退再次碰到限位开关 SQ2 时，小车停止。

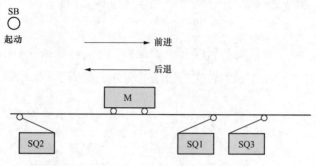

图 5-6　小车往返控制示意图

（1）将整个控制过程按任务要求分解成若干个工序，其中的每一个工序都对应一个状态（即步），并分配辅助状态继电器见表 5-1。

表5-1

状态继电器分配表

任务	状态继电器	任务	状态继电器
初始状态	S0.0	延时 5s	S0.3
前进	S0.1	再前进	S0.4
后退	S0.2	再后退	S0.5

（2）每个状态的功能与作用见表 5-2。状态的功能是通过 PLC 驱动各种负载来完成的，负载可由状态元件直接驱动，也可由其他软触点的逻辑组合驱动。

表5-2

状态继电器的功能与作用表

状态继电器	功能与作用	状态继电器	功能与作用
S0.0	PLC 上电做好工作准备	S0.3	延时 5s（定时器 T37，设定 5s）
S0.1	前进（输出 Q0.0，驱动电动机 M 正转）	S0.4	前进（输出 Q0.0，驱动电动机 M 正转）
S0.2	后退（输出 Q0.1，驱动电动机 M 反转）	S0.5	后退（输出 Q0.1，驱动电动机 M 反转）

（3）找出每个状态的转移条件和方向，即在什么条件下将下一个状态"激活"，见表5-3。状态的转移条件可以是单一的触点，也可以是多个触点的串、并联电路的组合。

表5-3

状态的转移条件表

状态继电器	转移条件	状态继电器	转移条件
S0.0	SM0.1	S0.3	SQ2
S0.1	SB	S0.4	T37
S0.2	SQ1	S0.5	SQ3

（4）根据控制要求或工艺要求，画出顺序功能图，如图5-7所示。

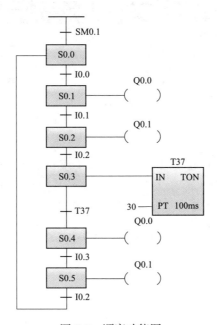

图5-7 顺序功能图

（5）使用注意事项。在使用顺序功能图进行编程时，要注意以下几个方面。

1）两个相邻步与步不能直接相连，必须用转移分开。

2）两个转换与转换之间不能直接相连，必须用步分开。

3）步与转换、转换与步之间的连线采用有向线段，画功能图的顺序一般是从上向下或从左到右，正常顺序时可以省略箭头，否则必须加箭头。

4）一个功能图至少应有一个初始步，如没有它系统将无法开始和返回。

5）必须用初始化脉冲SM0.1动合触点作为转换条件，将初始步转化为活动步。

第二节　步进顺序控制指令的编程

一、步进顺序控制指令

在顺序控制或步进控制中，常常将控制过程分为若干个顺序控制继电器（SCR）段，一个 SCR 端有时也称为一个控制功能步，简称步。每个 SCR 都是一个相对稳定的状态，都有段开始、段结束、段转移。在 S7-200 中，有 3 条简单的 SCR 指令与之对应，见表 5-4。

表5-4

顺序控制（SCR）指令

梯形图	语句表	描述
SCR	LSCR S_bit	SCR 程序段开始
SCRT	SCRT S_bit	SCR 转换
SCRE	SCRE	SCR 程序段结束

1. 段开始指令

段开始指令 LSCR 的功能是标记一个 SCR 段（或一个步）的开始，其操作数是状态继电器 SI.Q（如 S0.0），SI.Q 是当前 SCR 段的标志位，当 SI.Q 为 1 时，允许 SCR 段工作。

2. 段转移指令

段转移指令 SCRT 的功能是将当前的 SCR 段切换到下一个 SCR 段，其操作数是下一个 SCR 段的标志位 SI.Q（如 S0.1）。当允许输入有效时，进行切换，即停止当前 SCR 段工作，起动下一个 SCR 段工作。

3. 段结束指令

段结束指令 SCRE 的功能是标记一个 SCR 段（或一个步）的结束。每个 SCR 段必须使用段结束指令来表示该 SCR 段的结束。

4. 梯形图表示法

在梯形图中，段开始指令以功能框的形式编程指令名称为 SCR，如图 5-8 所示，段转移和段结束指令以线圈形式编程，如图 5-9 所示。

5. 使用注意事项

（1）SCR 指令的操作数（或编程元件）只能是状态继电器 SI.Q。

（2）1 个状态继电器 SI.Q 作为 SCR 段标志位，可以用于主程序、子程序或中断程序中，但是只能使用 1 次，不能重复使用。

（3）在一个 SCR 段中，禁止使用循环指令 FOR ／ NEIT、跳转指令 JMP ／ LBL 和条件结束指令 END。

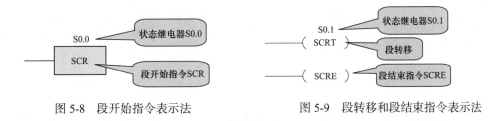

图 5-8　段开始指令表示法　　　　　图 5-9　段转移和段结束指令表示法

二、单序列结构的编程方法

顺序功能图有三种基本结构：单序列、选择序列和并行序列，另外还有复合、循环、跳转和重复等序列结构形式，不同的结构序列，其特点和应用方法也有区别，下面重点介绍前三种序列。

1. 单序列结构顺序功能图

（1）单序列结构的特点。单序列结构的顺序功能图，只有一个转移条件并转向一个分支，是最基本的结构序列。它由顺序排列、依次有效的状态序列组成，每个状态的后面只跟一个转移条件，每个转移条件后面也只连接一个状态，如图 5-10 所示。

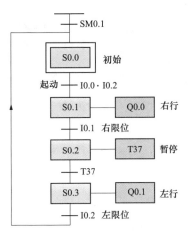

图 5-10　单序列的顺序功能图

【识读单序列顺序功能图】

1）在图 5-10 中，当 PLC 上电时，SM0.1 产生一个扫描周期的脉冲使 S0.0 初始步置为活动步。

2）当起动条件 I0.1*I0.2 满足时，状态 S0.1 有效，Q0.0 接通。

3）若转移条件 I0.1 接通，状态将从 S0.1 转移到 S0.2 有效，T37 开始定时。此时，S0.1 同时复位。

4）当状态 S0.2 有效时，若转移条件 T37 动合触点接通，将从 S0.2 转移到 S0.3 有效。此时，S0.2 同时复位。

5）依次类推，直至最后一个状态。

（2）单序列结构的编程。利用顺序功能图对控制任务进行编程，通常有 6 个步骤：一是任务分解；二是 I/O 分配；三是动作设置；四是转换条件设置；五是绘制顺序功能图；六是顺序功能图的转换。

在进行顺序控制编程时，必须遵循上述中已经指出的方法与步骤。

2. 顺序功能图与梯形图的转换

如图 5-10 所示的功能图转换成如图 5-11 所示的梯形图。

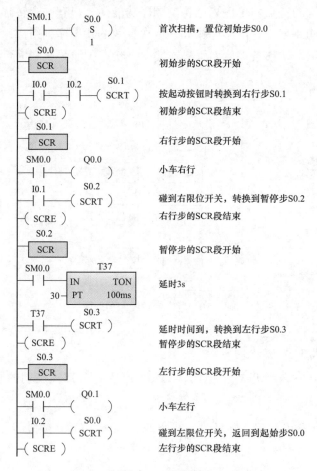

图 5-11　梯形图

三、选择序列结构的编程方法

（1）选择结构的特点。选择序列结构的顺序功能图，要按不同转移条件选择转向不同分支，执行不同分支后再根据不同转移条件汇合到同一分支，如图 5-12 所示。

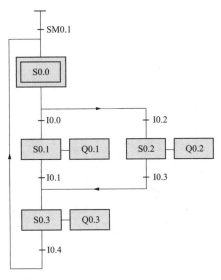

图 5-12　选择序列结构的顺序功能

【识读选择序列结构顺序功能图】

1）在图 5-12 中，S0.0 初始步下面有两个分支，根据不同的转移条件 I0.0 和 I0.2 来选择转向其中的一个分支，这两个分支不能同时被选中。

2）当 I0.0 接通时，状态将转移到 S0.1，而当 I0.2 接通时，状态将转移到 S0.2，所以要求转移条件 I0.0 和 I0.2 不能同时闭合。

3）在图 5-12 中，S0.3 称为汇合状态，状态 S0.1 或 S0.2 根据各自的转移条件 I0.1 或 I0.3 向汇合状态转移。一旦状态 S0.3 接通时，前一状态 S0.1 或 S0.2 就自动复位。

（2）选择序列结构的编程。选择序列结构的编程与一般编程一样，也必须遵循上述中已经指出的方法。无论是从分支状态向各个序列分支散转时，还是从各个分支状态向汇合状态汇合时，都要正确使用这些方法。

（3）顺序功能图与梯形图的转换。将选择结构的顺序功能图转换为梯形图时，关键是对分支和汇合状态的处理，如图 5-13 所示。

1）分支状态的处理。先分支状态 S0.1 的驱动连接，再依次按转移条件置位各分支的首转移状态，再从左至右对首转移状态先负载驱动，后转移处理。

2）汇合状态的处理。先进行汇合前各分支的最后一个状态和汇合状态 S0.3 的驱动连接，再从左至右对汇合状态进行转移连接。

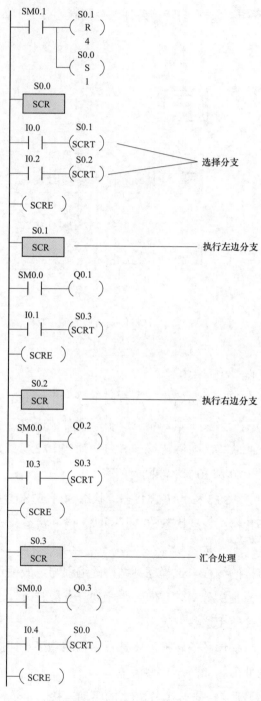

图 5-13　梯形图

四、并行序列结构的编程方法

1. 并行序列结构的特点

并行序列结构的顺序功能图，按同一转移条件同时转向几个分支并激活，执行不同的分支后再汇合到同一分支形成一个汇合流。用水平双线来表示并行分支，上面一条表示并行分支的开始，下面一条表示并行分支的结束，如图5-14所示。

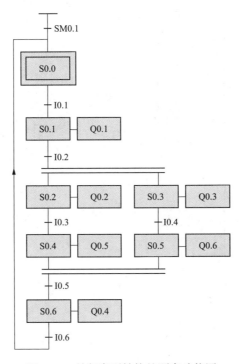

图 5-14　并行序列结构的顺序功能图

【识读并行序列结构顺序功能图】

（1）在图5-14中，S0.1下面有两个分支，当转移条件I0.2接通时，2个分支将同时被选中，并同时并行运行。

（2）在图5-14中，S0.6为汇合状态，当两条分支都执行到各自最后状态，S0.4和S0.5都接通时，S0.4和S0.5处于等待状态不能自行复位，需用复位指令来完成。

（3）当转移条件I0.5接通，将一起转入汇合状态S0.6。

2. 并行序列结构的编程

并行序列结构状态的编程与一般状态编程一样，先进行负载驱动，后进行转移处理，转移处理从左到右依次进行。无论是从分支状态向各个序列分支并行转移时，还是从各个分支状态向汇合状态同时汇合时，都要正确使用这些规则。

3. 顺序功能图与梯形图的转换

将并行结构的顺序功能图转换为梯形图时，关键是对并行分支和并行汇合编程处理，如图5-15所示。

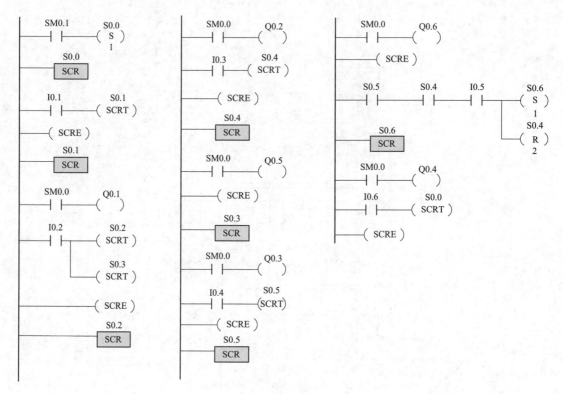

图 5-15　PLC 梯形图

第三节　三台电动机的 PLC 步进控制程序

一、控制要求

如图 5-16 所示是某传送带设备，分别由 M1、M2、M3 三台交流异步电动机拖动，电动机要求统一单方向旋转，无制动要求。起动时要求按 10s 的时间间隔，并按 M1 → M2 → M3 的顺序起动；停止时要求按 10s 的时间间隔，并按 M3 → M2 → M1 的顺序停止。

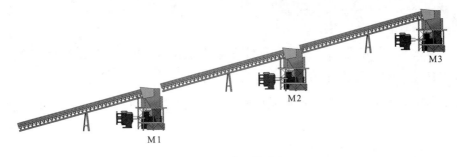

图 5-16 传送带设备

二、识读步骤

（1）根据控制要求，识读与分配 I/O 见表 5-5。

表5-5

I/O分配表

输入继电器	功能	输出继电器	功能
I0.0	起动按钮	Q0.0	控制 M1
I0.1	停止按钮	Q0.1	控制 M2
		Q0.2	控制 M3

（2）根据控制要求分析，识读与设计 PLC 系统接线原理图，如图 5-17 所示。

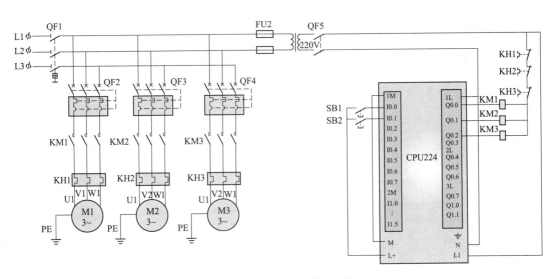

图 5-17 PLC 系统接线原理图

【识读原理图要点】

1）识读与设计电路原理图时，应具备完善的保护功能，图中 PLC 外部电路中有 KH1、KH2、KH3 串联起来做外部硬件过载保护。

2）图中 PLC 继电器输出所驱动的负载额定电压一般不超过 220V，或设置外部中间继电器。

3）绘制原理图要完整规范。

（3）识读与编制步进顺序功能图。如图 5-18 所示是三台电动机的顺序起动、停止的步进顺序功能图。

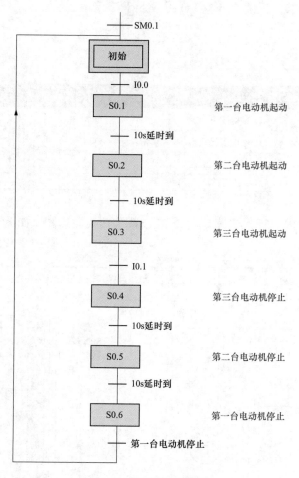

图 5-18　步进顺序功能图

三、程序设计与识读

根据功能图编写梯形图程序，如图 5-19 所示。

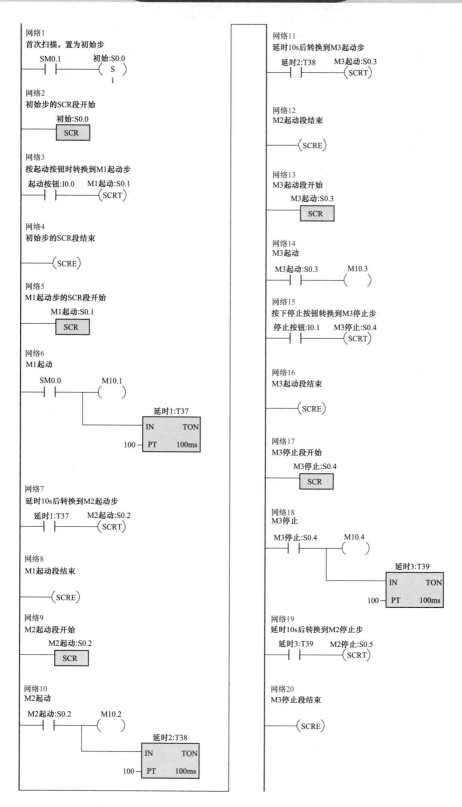

图 5-19　三台电动机的顺序起动、停止梯形图（一）

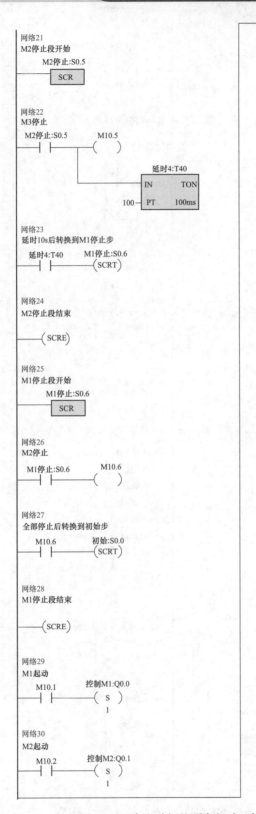

图 5-19　三台电动机的顺序起动、停止梯形图（二）

【识读梯形图要点】

（1）初始步。如图 5-19 中的网络 1~网络 4 所示，当 PLC 加电瞬间以后程序都进入原点初始步，停止时同时复位初始步之外的其他步。

（2）步的驱动。如图 5-19 中的网络 5~网络 28 所示，利用顺序控制指令编程。

1）网络 5~网络 8 为在初始状态下，按下起动按钮后进入 M1 起动步，开始延时。

2）网络 9~网络 12 为延时时间到，进入 M2 起动步，开始延时。

3）网络 13~网络 16 为延时时间到，进入 M3 起动步。

4）网络 17~网络 20 为在按下停止按钮时，进入 M3 停止步，开始延时。

5）网络 21~网络 24 为延时时间到，进入 M2 停止步，开始延时。

6）网络 25~网络 28 为延时时间到，进入 M1 停止步，回到初始步。

（3）输出集中执行。如图 5-19 中的网络 29~网络 34 所示，用代表起动步的动合触点将对应的线圈置位。用代表停止步的动合触点将对应的线圈复位。

第六章

熟悉S7-200 PLC 的功能指令

第一节 传送指令

S7-200 CPU 指令系统为存储单元之间数据的传递提供了数据传送指令，数据传送指令有字节、字、双字和实数的单一传送指令，字节立即传送（读和写）指令和以字节、字、双字为单位的数据块的块传送指令。

一、单一传送指令

单一传送指令可以进行一个数据的传送，数据类型可以是一个字节、字、双字和实数。

1. 字节传送指令 MOVB

指令功能：当使能输入端（EN）有效时，将 1 个无符号的单字节数据 IN 传送到 OUT 中。数据类型为字节。梯形图及语句表如图 6-1 所示。

IN 操作数取值类型：VB、IB、QB、MB、SMB、LB、SB、AC、*VD、*AC、*LD 和常数。

OUT 操作数取值类型：VB、IB、QB、MB、SMB、LB、SB、AC、*VD、*AC、*LD。

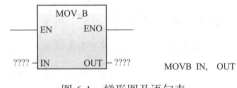

图 6-1　梯形图及语句表

【识读举例】

图 6-2 是一条字节传送程序。

程序解释：程序中当 I0.0 接通时 EN 有效，将常数 88 传送到字节 VB0 中，此时 VB0 的内容为数据 88。梯形图对应的语句表为 MOVB 88，VB0。

注意：在传送指令中，输入 IN 和输出 OUT 的数据类型可以不相同，但数据长度必须相同。若将输出 VB0 改成 VW0，则程序出错，因为单字节传送的操作数不能为字。

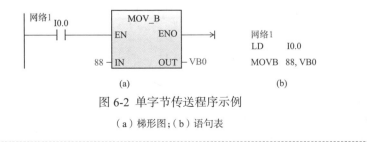

图 6-2　单字节传送程序示例

（a）梯形图；（b）语句表

2. 字传送指令 MOVW

指令功能：当使能输入端（EN）有效时，将 1 个无符号的单字长数据 IN 传送到 OUT 中。数据类型为字。梯形图及语句表如图 6-3 所示。

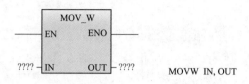

MOVW IN, OUT

图 6-3 梯形图及语句表

IN 操作数类型：VW、IW、QW、MW、SW、SMW、LW、AC、*VD、*AC、*LD、T、C 和常数。

OUT 操作数类型：VW、IW、QW、MW、SW、SMW、LW、AC、*VD、*AC、*LD、T、C（注：OUT 操作数中没有常数）。

【识读举例】

图 6-4 是一条字传送程序。当程序中 I0.0 接通时，将十六进制数 16#E071 传送到 QW0 中，则字节 QB0 中的数据为 2#11100000，字节 QB1 中的数据为 2#01110001。若将输出 QW0 改成 QB0，则程序出错，因为单字传送的操作数不能为字节。

(a)

网络1

LD I0.0

MOVW 16#E071, QW0

(b)

(c)

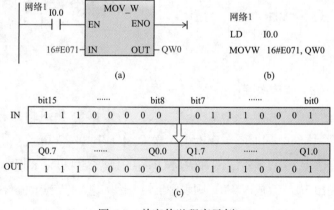

图 6-4 单字传送程序示例

（a）梯形图；（b）语句表；（c）指令功能图

3. 双字传送指令 MOVD

指令功能：当使能输入端（EN）有效时，将 1 个有符号的双字长数据 IN 传送到 OUT 中。数据类型为双字。梯形图及语句表如图 6-5 所示。

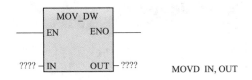

MOVD IN, OUT

图6-5　梯形图及语句表

IN 操作数类型：VD、ID、QD、MD、SMD、LD、AC、*VD、*AC、*LD 和常数。

OUT 操作数类型：VD、ID、QD、MD、SMD、LD、AC、*VD、*AC、*LD。

【识读举例】

　　如图6-6所示是一条双字传送程序。当程序中 I0.0 接通时，将 VD50 中的数据传送到 VD100 中。

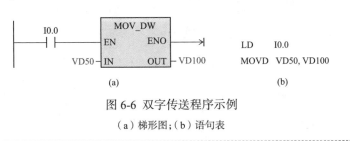

LD　　I0.0
MOVD　VD50, VD100

(a)　　　　　　　　(b)

图6-6　双字传送程序示例

（a）梯形图；（b）语句表

4. 实数传送指令 MOVR

　　指令功能：当使能输入端（EN）有效时，将 1 个有符号的双字长实数数据 IN 传送到 OUT 中。数据类型为实数。梯形图及语句表如图6-7所示。

　　IN 操作数类型：VD、ID、QD、MD、SMD、LD、AC、*VD、*AC、*LD 和常数。

MOVR IN, OUT

　　OUT 操作数类型：VD、ID、QD、MD、SMD、LD、AC、*VD、*AC、*LD。

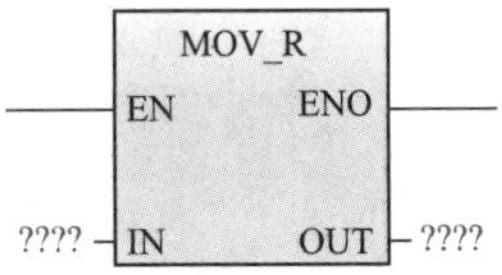

图6-7　梯形图及语句表

【识读举例】

　　如图6-8所示是一条实数传送程序。当程序中 I0.0 接通时，将实数 0.1 传送到 VD50 中。

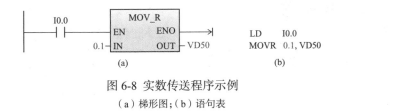

LD　　I0.0
MOVR　0.1, VD50

(a)　　　　　　　　(b)

图6-8　实数传送程序示例

（a）梯形图；（b）语句表

二、字节立即传送指令

字节立即传送（读和写）指令允许在物理 I/O 和存储器之间立即传送一个字节数据。字节立即传送指令包括字节立即读 BIR（Byte Immediately Read）指令和字节立即写 BIW（Byte Immediately Write）指令，其指令具体如下。

1. 字节立即读指令

指令功能：BIR 指令读取实际输入端 IN 给出的 1 个字节的数值，并将结果写入 OUT 所指定的存储单元，但输入映像寄存器未更新。数据类型为字节。梯形图与语句表如图 6-9 所示。

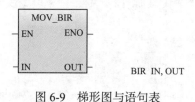

图 6-9　梯形图与语句表

IN 操作数类型：IB、*VD、*LD、*AC。

OUT 操作数类型：VB、IB、QB、MB、SB、SMB、LB、AC、*VD、*AC、*LD。

【识读举例】

如图 6-10 所示是一条传送字节立即读程序。当程序中 I0.0 接通时，将 IB1 物理输入状态立即传送到 VB10 中，不受扫描周期影响。

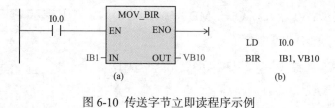

图 6-10　传送字节立即读程序示例

（a）梯形图；（b）语句表

2. 字节立即写指令

指令功能：BIW 指令从输入 IN 所指定的存储单元中读取 1 个字节的数值并写入（以字节为单位）实际输出 OUT 端的物理输出点，同时刷新对应的输出映像寄存器。数据类型为字节，梯形图与语句表如图 6-11 所示。

BIW IN, OUT

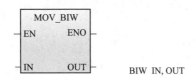

图 6-11　梯形图与语句表

IN 操作数据类型：VB、IB、QB、MB、SB、SMB、LB、AC、*VD、*AC、*LD 和常数。

OUT 操作数据类型：QB、*VD、*LD、*AC。

【识读举例】

如图 6-12 所示是一条传送字节立即写程序。当程序中 I0.0 接通时，将 VB10 中的数据，立即写到 QB0 中，不受扫描周期影响。

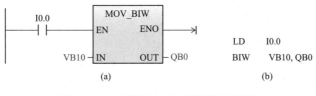

(a)

```
LD     I0.0
BIW    VB10, QB0
```

(b)

图 6-12 一条传送字节立即写程序示例

（a）梯形图；（b）语句表

三、块传送指令

块传送指令用来进行一次传送多个数据，将最多可达 255 个的数据组成 1 个数据块。数据块的类型注意有字节块、字块和双字块，具体指令的学习如下。

1. 字节块传送指令

指令功能：当使能输入端（EN）有效时，把从输入（IN）字节开始的 N 个字节数据传送到以输出字节（OUT）开始的 N 个字节存储单元中。数据类型为字节。梯形图与语句表如图 6-13 所示。

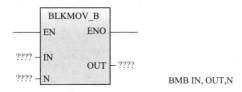

BMB IN, OUT,N

图 6-13　梯形图与语句表

IN 操作数类型：VB、IB、QB、MB、SMB、LB、AC、HC、*VD、*AC、*LD。

OUT 操作数类型：VB、IB、QB、MB、SMB、LB、AC、HC、*VD、*AC、*LD。

N 操作数：VB、IB、QB、MB、SMB、LB、AC、*VD、*AC、*LD。

【识读举例】

如图 6-14 所示是一段字节块传送程序，当 I0.0 接通时，把以 VB0 开始的 4 个字节的内容传送至 VB10 开始的 4 个字节存储单元中，当 VB0~VB3 的数据分别为 2、3、4、5。程序运行结果见表 6-1。

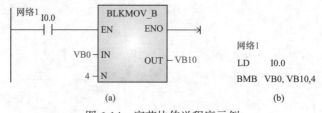

图 6-14　字节块传送程序示例

（a）梯形图；（b）语句表

表6-1

运行结果示意表

数组1的数据	2	3	4	5	数组2的数据	2	3	4	5
数据地址	VB0	VB1	VB2	VB3	数据地址	VB10	VB11	VB12	VB13

2. 字块传送指令

指令功能：当使能输入（EN）有效时，把从输入（IN）字节开始的 N 个字节数据传送到以输出字节（OUT）开始的 N 个字存储单元中。数据类型为双字。梯形图与语句表如图 6-15 所示。

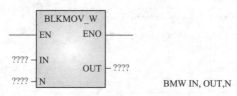

图 6-15　梯形图与语句表

IN 操作数类型：VW、IW、QW、MW、AIW、SMW、LW、AC、AQW、HC、*VD、*AC、*LD、T、C。

OUT 操作数类型：VW、IW、QW、MW、AIW、SMW、LW、AC、AQW、HC、*VD、*AC、*LD、T、C。

N 数据类型为字节；操作数类型：VB、IB、QB、MB、SMB、LB、AC、*VD、*AC、*LD。

【识读举例】

如图 6-16 所示是一段字块传送程序，当 I0.0 接通时，把以 MW0 开始的 2 个字 MW0、MW1 的内容传送至 MW5 开始的 2 个字 MW5、MW6 存储单元中。

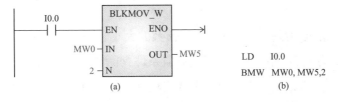

图 6-16　字块传送程序示例

（a）梯形图；（b）语句表

3. 双字块传送指令

指令功能：使能输入（EN）有效时，把从输入（IN）字节开始的 N 个字节数据传送到以输出字节（OUT）开始的 N 个双字存储单元中。数据类型为双字块。梯形图与语句表如图 6-17 所示。

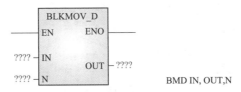

图 6-17　梯形图与语句表

IN 操作数类型：VD、ID、QD、MD、SMD、LD、AC、*VD、*AC、*LD。

OUT 操作数类型：VD、ID、QD、MD、SMD、LD、AC、*VD、*AC、*LD。

N 数据类型为字节；操作数：VB、IB、QB、MB、SMB、LB、AC、*VD、*AC、*LD 和常数。

【识读举例】

如图 6-18 所示是一段双字块传送程序，当 I0.0 接通时，把以 MD0 开始的 2 个字 MD0、MD1 的内容传送至 MD5 开始的 2 个字 MD5、MD6 存储单元中。

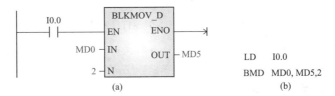

图 6-18　双字块传送程序示例

（a）梯形图；（b）语句表

第二节 比 较 指 令

比较指令是在指定的条件下比较两个操作数的大小，条件成立时，触点闭合。在实际应用中，比较指令为上、下限位控制以及数值条件判断提供了方便。比较指令的类型有：字节比较、整数比较、双字整数比较、实数比较和字符串比较。每种类型的指令又包括：相等指令（＝＝）、小于等于指令（＜＝）、大于等于指令（＞＝）、大于（＞）、小于（＜）、不相等指令（＜＞）。

一、字节比较指令

1. 字节相等指令（＝＝）

指令功能：比较两个字节 IN1 与 IN2，当 IN1 与 IN2 相等时，触点接通。数据类型为字节，梯形图与语句表如图 6-19 所示。

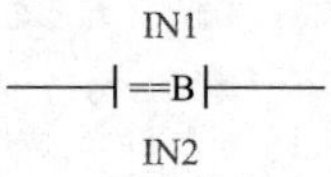

$$\text{IN1}$$
$$\text{——}|==B|\text{——}$$
$$\text{IN2} \qquad\qquad \text{LDB= IN1, IN2}$$

图 6-19　梯形图与语句表

IN1 与 IN2 输入操作数类型：VB、IB、QB、MB、SMB、LB、AC、常量、*VD、*AC、*LD。

【识读举例】

如图 6-20 所示是一段字节相等比较指令程序。当 VB0 与 VB1 相等时，Q0.0 接通。

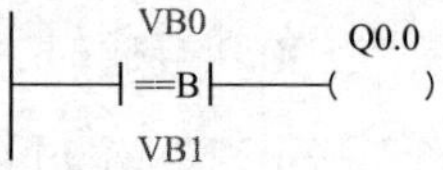

$$\text{VB0} \qquad \text{Q0.0}$$
$$|\ |==B|\ —(\quad)\qquad \text{LDB= VB0, VB1}$$
$$\text{VB1} \qquad\qquad\qquad\qquad =\ \text{Q0, 0}$$
$$\qquad\text{(a)} \qquad\qquad\qquad \text{(b)}$$

图 6-20　字节相等指令程序示例

（a）梯形图；（b）语句表

2. 字节不相等指令（＜＞）

指令功能：比较两个字节 IN1 与 IN2，当 IN1 与 IN2 不相等时，触点接通。数据类型为字节，梯形图与语句表如图 6-21 所示。

```
      IN1
——| <>B |——
      IN2              LDB< >  IN1, IN2
```

图 6-21　梯形图与语句表

IN1 与 IN2 输入操作数：VB、IB、QB、MB、SMB、LB、AC、常量、*VD、*AC、*LD。

【识读举例】

如图 6-22 所示是一段字节不相等比较指令程序。当 VB0 与 VB1 不相等时，Q0.0 接通。

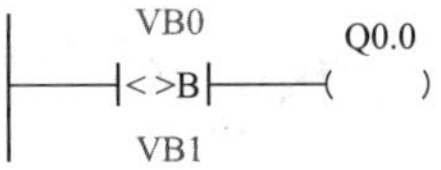

```
      VB0        Q0.0
——| <>B |——(    )         LDB< >  VB0, VB1
      VB1                    =    Q0. 0

       (a)                       (b)
```

图 6-22　字节不相等指令程序示例

（a）梯形图；（b）语句表

3. 字节大于等于指令（ > = ）

指令功能：比较两个字节 IN1 与 IN2，当 IN1 大于或等于 IN2 时，触点接通。数据类型为字节，梯形图与语句表如图 6-23 所示。

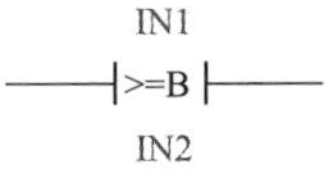

```
      IN1
——| >=B |——
      IN2              LDB>=  IN1, IN2
```

图 6-23　梯形图与语句表

IN1 与 IN2 输入操作数：VB、IB、QB、MB、SMB、LB、AC、常量、*VD、*AC、*LD。

【识读举例】

如图 6-24 所示是一段字节大于等于比较指令程序。当 VB0 大于或等于 VB1 时，Q0.0 接通。

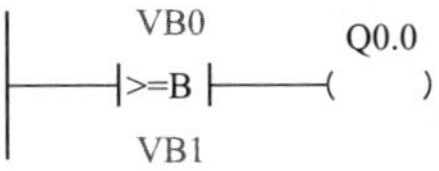

```
      VB0        Q0.0
——| >=B |——(    )         LDB>=  VB0, VB1
      VB1                    =    Q0. 0

       (a)                       (b)
```

图 6-24　字节大于等于指令程序示例

（a）梯形图；（b）语句表

4. 字节小于等于指令（＜＝）

指令功能：比较两个字节 IN1 与 IN2，当 IN1 小于或等于 IN2 时，触点接通。数据类型为字节，梯形图与语句表如图 6-25 所示。

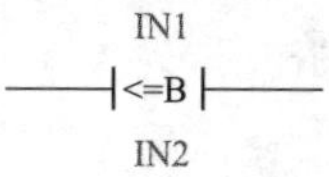

```
        IN1
    ──┤ <=B ├──
        IN2              LDB<=  IN1, IN2
```

图 6-25　梯形图与语句表

IN1 与 IN2 输入操作数：VB、IB、QB、MB、SMB、LB、AC、常量、*VD、*AC、*LD。

【识读举例】

如图 6-26 所示是一段字节小于等于比较指令程序。当 VB0 小于或等于 VB1 时，Q0.0 接通。

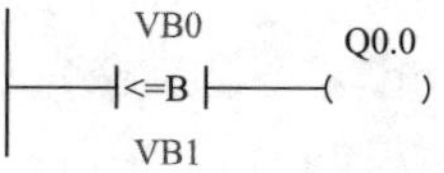

```
        VB0      Q0.0
    ──┤ <=B ├──(    )      LDB<=  VB0, VB1
        VB1                   =   Q0.0
        (a)                   (b)
```

图 6-26　字节小于等于指令程序示例

（a）梯形图；（b）语句表

5. 字节大于指令（＞）

指令功能：比较两个字节 IN1 与 IN2，当 IN1 大于 IN2 时，触点接通。数据类型为字节，梯形图与语句表如图 6-27 所示。

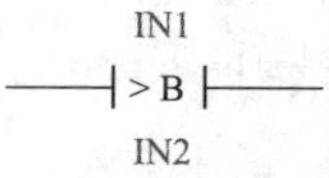

```
        IN1
    ──┤ >B ├──
        IN2              LDB>  IN1, IN2
```

图 6-27　梯形图与语句表

IN1 与 IN2 输入操作数：VB、IB、QB、MB、SMB、LB、AC、常量、*VD、*AC、*LD。

【识读举例】

如图 6-28 所示是一段字节大于比较指令程序。当 VB0 大于 VB1 时，Q0.0 接通。

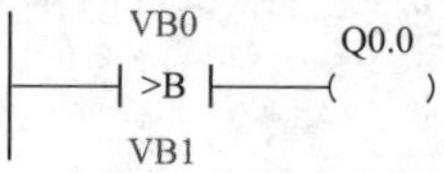

```
        VB0      Q0.0
    ──┤ >B ├──(    )      LDB>  VB0, VB1
        VB1                  =   Q0.0
        (a)                  (b)
```

图 6-28　字节大于指令程序示例

（a）梯形图；（b）语句表

6. 字节小于指令（＜）

指令功能：比较两个字节 IN1 与 IN2，当 IN1 小于 IN2 时，触点接通。数据类型为字节，梯形图与语句表如图 6-29 所示。

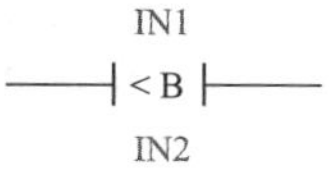

```
        IN1
    ——| <B |——
        IN2              LDB<  IN1, IN2
```

图 6-29　梯形图与语句表

IN1 与 IN2 输入操作数：VB、IB、QB、MB、SMB、LB、AC、常量、*VD、*AC、*LD。

【识读举例】

如图 6-30 所示是一段字节小于比较指令程序。当 VB0 小于 VB1 时，Q0.0 接通。

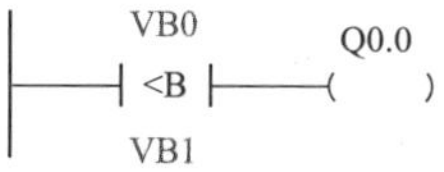

```
        VB0       Q0.0
    ——| <B |——(    )        LDB<  VB0, VB1
        VB1                   =   Q0.0

        (a)              (b)
```

图 6-30　字节小于指令程序示例

（a）梯形图；（b）语句表

二、整数比较指令

1. 整数相等指令（＝＝）

指令功能：比较两个整数 IN1 与 IN2，当 IN1 与 IN2 相等时，触点接通。数据类型为整数，梯形图与语句表如图 6-31 所示。

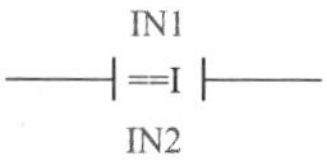

```
        IN1
    ——| ==I |——
        IN2              LDW=  IN1, IN2
```

图 6-31　梯形图与语句表

IN1 与 IN2 输入操作数类型：VW、IW、QW、MW、SW、SMW、T、C、LW、AIW、AC、常量、*VD、*AC、*LD。

【识读举例】

如图 6-32 所示是一段整数相等比较指令程序。当 VW0 与 9 相等时，Q0.0 接通。

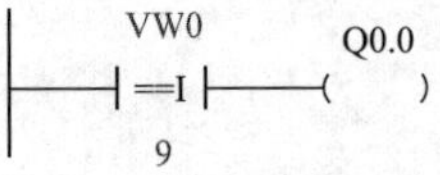

```
       VW0
    ┤ =I ├        Q0.0
               ─( )─        LDW=   VW0, 9
        9                        =    Q0.0

          (a)            (b)
```

图 6-32 整数相等指令程序示例

（a）梯形图；（b）语句表

2. 整数不相等指令（ < > ）

指令功能：比较两个整数 IN1 与 IN2，当 IN1 与 IN2 不相等时，触点接通。数据类型为整数，梯形图与语句表如图 6-33 所示。

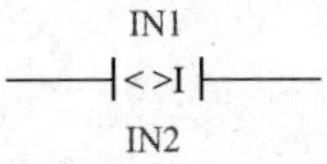

```
        IN1
   ───┤ <>I ├───
        IN2                LDW<>   IN1, IN2
```

图 6-33　梯形图与语句表

IN1 与 IN2 输入操作数类型：VW、IW、QW、MW、SW、SMW、T、C、LW、AIW、AC、常量、*VD、*AC、*LD。

【识读举例】

如图 6-34 所示是一段整数不相等比较指令程序。当 VW0 与 9 不相等时，Q0.0 接通。

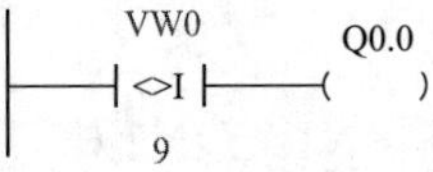

```
       VW0
    ┤ <>I ├       Q0.0
               ─( )─        LDW<>   VW0, 9
        9                        =    Q0.0

          (a)            (b)
```

图 6-34　整数不相等指令程序示例

（a）梯形图；（b）语句表

3. 整数大于等于指令（ > = ）

指令功能：比较两个整数 IN1 与 IN2，当 IN1 大于或等于 IN2 时，触点接通。数据类型为整数，梯形图与语句表如图 6-35 所示。

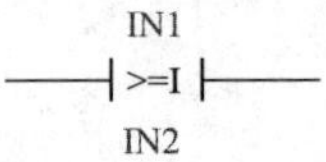

```
        IN1
   ───┤ >=I ├───
        IN2                LDW>=   IN1, IN2
```

图 6-35　梯形图与语句表

IN1 与 IN2 输入操作数类型：VW、IW、QW、MW、SW、SMW、T、C、LW、AIW、AC、常量、*VD、*AC、*LD。

【识读举例】

如图 6-36 所示是一段整数大于等于比较指令程序。当 VW0 大于或等于 9 时，Q0.0 接通。

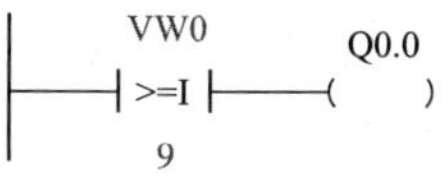

```
        VW0       Q0.0
  | |   >=I | |   ( )        LDW>=   VW0,9
         9                   =       Q0.0

        (a)               (b)
```

图 6-36 整数大于等于指令程序示例

（a）梯形图；（b）语句表

4. 整数小于等于指令（＜＝）

指令功能：比较两个整数 IN1 与 IN2，当 IN1 小于或等于 IN2 时，触点接通。数据类型为整数，梯形图与语句表如图 6-37 所示。

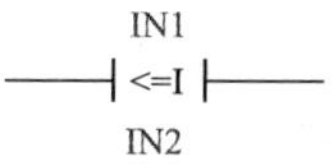

```
        IN1
  | |   <=I | |
        IN2              LDW<=   IN1,IN2
```

图 6-37 梯形图与语句表

IN1 与 IN2 输入操作数类型：VW、IW、QW、MW、SW、SMW、T、C、LW、AIW、AC、常量、*VD、*AC、*LD。

【识读举例】

如图 6-38 所示是一段整数小于等于比较指令程序。当 VW0 小于或等于 9 时，Q0.0 接通。

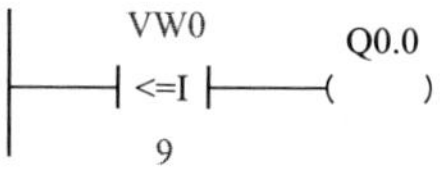

```
        VW0       Q0.0
  | |   <=I | |   ( )        LDW<=   VW0,9
         9                   =       Q0.0

        (a)               (b)
```

图 6-38 整数小于等于指令程序示例

（a）梯形图；（b）语句表

5. 整数大于指令（＞）

指令功能：比较两个整数 IN1 与 IN2，当 IN1 大于 IN2 时，触点接通。数据类型为整数，梯形图与语句表如图 6-39 所示。

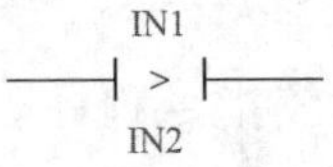

```
        IN1
   ——| > |——
        IN2              LDW>   IN1, IN2
```

图 6-39　梯形图与语句表

IN1 与 IN2 输入操作数类型：VW、IW、QW、MW、SW、SMW、T、C、LW、AIW、AC、常量、*VD、*AC、*LD。

【识读举例】

如图 6-40 所示是一段整数大于比较指令程序。当 VW0 大于 9 时，Q0.0 接通。

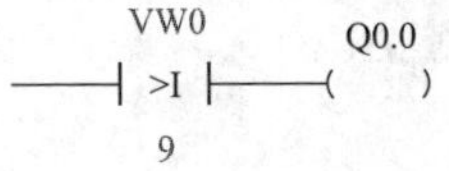

```
        VW0        Q0.0
   ——| >I |——（    ）      LDW>   VW0, 9
         9                      =    Q0.0
         (a)                        (b)
```

图 6-40　整数大于指令程序示例

（a）梯形图；（b）语句表

6. 整数小于指令（＜）

指令功能：比较两个整数 IN1 与 IN2，当 IN1 小于 IN2 时，触点接通。数据类型为整数，梯形图与语句表如图 6-41 所示。

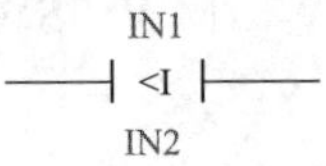

```
        IN1
   ——| <I |——
        IN2              LDW<   IN1, IN2
```

图 6-41　梯形图与语句表

IN1 与 IN2 输入操作数类型：VW、IW、QW、MW、SW、SMW、T、C、LW、AIW、AC、常量、*VD、*AC、*LD。

【识读举例】

如图 6-42 所示是一段整数小于比较指令程序。当 VW0 小于 9 时，Q0.0 接通。

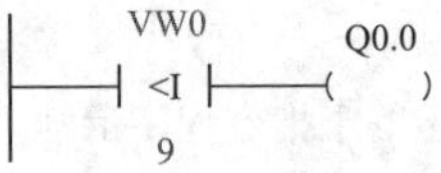

```
        VW0        Q0.0
   ——| <I |——（    ）      LDW<   VW0, 9
         9                      =    Q0.0
         (a)                        (b)
```

图 6-42　整数小于指令程序示例

（a）梯形图；（b）语句表

三、双字整数比较指令

1. 双整数相等指令（＝＝）

指令功能：比较两个双整数 IN1 与 IN2，当 IN1 与 IN2 相等时，触点接通。数据类型为双字节，梯形图与语句表如图 6-43 所示。

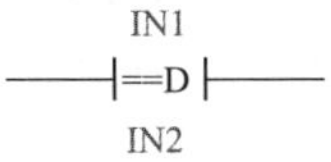

```
        IN1
    ——| ==D |——        LDD=    IN1, IN2
        IN2
```

图 6-43　梯形图与语句表

IN1 与 IN2 输入操作数类型：VD、ID、QD、MD、SD、SMD、LD、HC、AC、常量、*VD、*AC、*LD。

【识读举例】

如图 6-44 所示是一段双整数相等比较指令程序。当 VD0 与 MD0 相等时，Q0.0 接通。

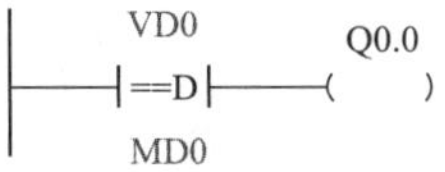

```
        VD0       Q0.0
    ——| ==D |——(     )      LDD=    VD0, MD0
        MD0                   =     Q0.0

          (a)                    (b)
```

图 6-44　双整数相等指令程序示例

（a）梯形图；（b）语句表

2. 双整数不相等指令（＜＞）

指令功能：比较两个双整数 IN1 与 IN2，当 IN1 与 IN2 不相等时，触点接通。数据类型为双整数，梯形图与语句表如图 6-45 所示。

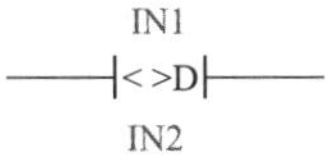

```
        IN1
    ——| <>D |——        LDD<>   IN1, IN2
        IN2
```

图 6-45　梯形图与语句表

IN1 与 IN2 输入操作数类型：VD、ID、QD、MD、SD、SMD、LD、HC、AC、常量、*VD、*AC、*LD。

【识读举例】

如图 6-46 所示是一段双整数不相等比较指令程序。当 VB0 与 VB1 不相等时，Q0.0 接通。

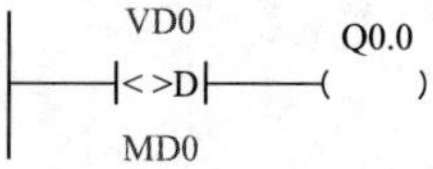

```
      VD0        Q0.0
  ┤ ├─<>D├──( )          LDD<>  VD0, MD0
      MD0                  =    Q0. 0

        (a)                      (b)
```

图 6-46 双整数不相等指令程序示例

（a）梯形图；（b）语句表

3. 双整数大于等于指令（＞＝）

指令功能：比较两个双整数 IN1 与 IN2，当 IN1 大于或等于 IN2 时，触点接通。数据类型为双整数，梯形图与语句表如图 6-47 所示。

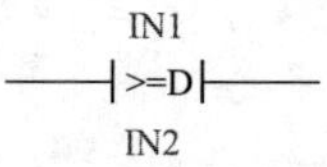

```
      IN1
  ──┤>=D├──
      IN2              LDD>=   IN1, IN2
```

图 6-47 梯形图与语句表

IN1 与 IN2 输入操作数类型：VD、ID、QD、MD、SD、SMD、LD、HC、AC、常量、*VD、*AC、*LD。

【识读举例】

如图 6-48 所示是一段双整数大于等于比较指令程序。当 VD0 大于或等于 MD0 时，Q0.0 接通。

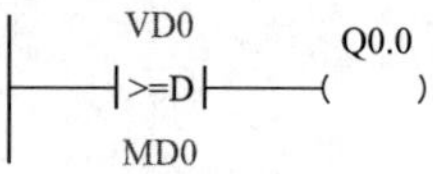

```
      VD0        Q0.0
  ┤ ├─>=D├──( )          LDD>=  VD0, MD0
      MD0                  =    Q0. 0

        (a)                      (b)
```

图 6-48 双整数大于等于指令程序示例

（a）梯形图；（b）语句表

4. 双整数小于等于指令（＜＝）

指令功能：比较两个双整数 IN1 与 IN2，当 IN1 小于或等于 IN2 时，触点接通。数据类型为双整数，梯形图与语句表如图 6-49 所示。

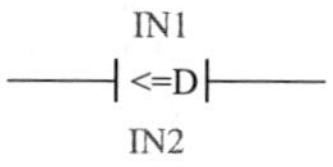

```
        IN1
    ———| <=D |———
        IN2              LDD<=  IN1, IN2
```

图 6-49　梯形图与语句表

IN1 与 IN2 输入操作数类型：VD、ID、QD、MD、SD、SMD、LD、HC、AC、常量、*VD、*AC、*LD。

【识读举例】

如图 6-50 所示是一段双整数小于等于比较指令程序。当 VD0 小于或等于 MD0 时，Q0.0 接通。

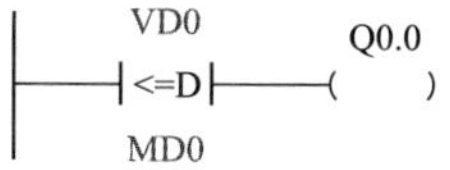

```
        VD0        Q0.0
    ———| <=D |———(    )        LDD<=  VD0, MD0
        MD0                      =    Q0.0

         (a)                      (b)
```

图 6-50　双整数小于等于指令程序示例

（a）梯形图；（b）语句表

5. 双整数大于指令（＞）

指令功能：比较两个双整数 IN1 与 IN2，当 IN1 大于 IN2 时，触点接通。数据类型为双整数，梯形图与语句表如图 6-51 所示。

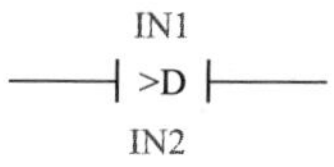

```
        IN1
    ———| >D |———
        IN2              LDD>  IN1, IN2
```

图 6-51　梯形图与语句表

IN1 与 IN2 输入操作数类型：VD、ID、QD、MD、SD、SMD、LD、HC、AC、常量、*VD、*AC、*LD。

【识读举例】

如图 6-52 所示是一段双整数大于比较指令程序。当 VD0 大于 MD0 时，Q0.0 接通。

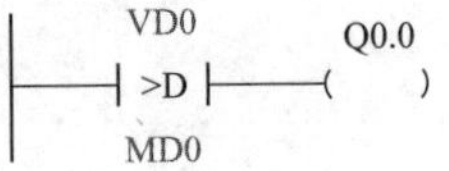

```
      VD0      Q0.0
  ─┤   >D   ├──(   )        LDD >   VD0, MD0
      MD0                     =    Q0.0
          (a)                      (b)
```

图 6-52　一段双整数大于指令程序示例

（a）梯形图；（b）语句表

6. 双整数小于指令（ < ）

指令功能：比较两个双整数 IN1 与 IN2，当 IN1 小于 IN2 时，触点接通。数据类型为双整数，梯形图与语句表如图 6-53 所示。

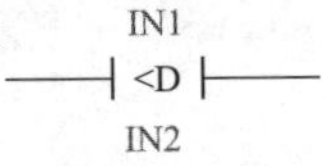

```
      IN1
  ─┤   <D   ├─
      IN2           LDD<   IN1, IN2
```

图 6-53　梯形图与语句表

IN1 与 IN2 输入操作数类型：VD、ID、QD、MD、SD、SMD、LD、HC、AC、常量、*VD、*AC、*LD。

【识读举例】

如图 6-54 所示是一段双整数小于比较指令程序。当 VD0 小于 MD0 时，Q0.0 接通。

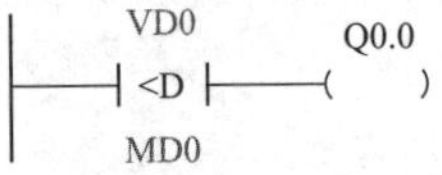

```
      VD0      Q0.0
  ─┤   <D   ├──(   )        LDD<   VD0, MD0
      MD0                     =    Q0.0
          (a)                      (b)
```

图 6-54　双整数小于指令程序示例

（a）梯形图；（b）语句表

四、实数比较指令

1. 实数相等指令（ = = ）

指令功能：比较两个实数 IN1 与 IN2，当 IN1 与 IN2 相等时，触点接通。数据类型为实数，梯形图与语句表如图 6-55 所示。

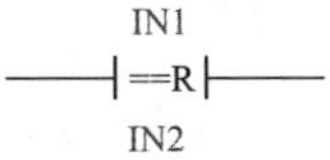

```
        IN1
      —| |==R| |—
        IN2              LDR=  IN1, IN2
```

图 6-55　梯形图与语句表

IN1 与 IN2 输入操作数类型：VD、ID、QD、MD、SD、SMD、LD、AC、常量、*VD、*AC、*LD。

【识读举例】

如图 6-56 所示是一段实数相等比较指令程序。当 VD0 与 1.0 相等时，Q0.0 接通。

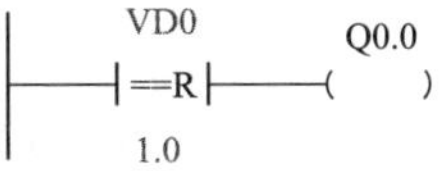

```
        VD0          Q0.0
     —| |==R| |———( )        LDR=  VD0, 1.0
        1.0                   =     Q0.0
         (a)                        (b)
```

图 6-56　实数相等指令程序示例

（a）梯形图；（b）语句表

2. 实数不相等指令（＜＞）

指令功能：比较两个实数 IN1 与 IN2，当 IN1 与 IN2 不相等时，触点接通。数据类型为实数，梯形图与语句表如图 6-57 所示。

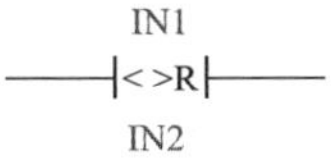

```
        IN1
      —| |<>R| |—
        IN2              LDR<>  IN1, IN2
```

图 6-57　梯形图与语句表

IN1 与 IN2 输入操作数类型：VD、ID、QD、MD、SD、SMD、LD、HC、AC、常量、*VD、*AC、*LD。

【识读举例】

如图 6-58 所示是一段实数不相等比较指令程序。当 VD0 与 1.0 不相等时，Q0.0 接通。

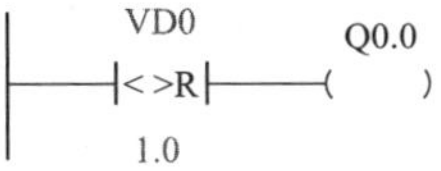

```
        VD0          Q0.0
     —| |<>R| |———( )        LDR<>  VD0, 1.0
        1.0                   =     Q0.0
         (a)                        (b)
```

图 6-58　实数不相等指令程序示例

（a）梯形图；（b）语句表

3. 实数大于等于指令（ > = ）

指令功能：比较两个实数 IN1 与 IN2，当 IN1 大于或等于 IN2 时，触点接通。数据类型为实数，梯形图与语句表如图 6-59 所示。

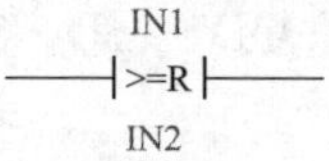

```
         IN1
       ──┤ >=R ├──
         IN2              LDR>=  IN1, IN2
```

图 6-59　梯形图与语句表

IN1 与 IN2 输入操作数类型：VD、ID、QD、MD、SD、SMD、LD、HC、AC、常量、*VD、*AC、*LD。

【识读举例】

如图 6-60 所示是一段实数大于等于比较指令程序。当 VD0 大于或等于 1.0 时，Q0.0 接通。

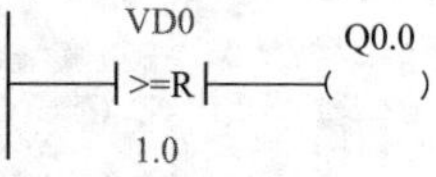

```
       VD0        Q0.0
     ──┤ >=R ├──(    )        LDR>=  VD0, 1.0
       1.0                    =      Q0. 0

         (a)                      (b)
```

图 6-60　实数大于等于指令程序示例

（a）梯形图；（b）语句表

4. 实数小于等于指令（ < = ）

指令功能：比较两个实数 IN1 与 IN2，当 IN1 小于或等于 IN2 时，触点接通。数据类型为实数，梯形图与语句表如图 6-61 所示。

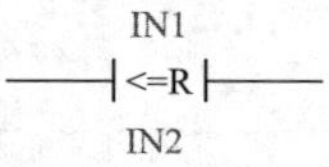

```
         IN1
       ──┤ <=R ├──
         IN2              LDR<=  IN1, IN2
```

图 6-61　梯形图与语句表

IN1 与 IN2 输入操作数类型：VD、ID、QD、MD、SD、SMD、LD、HC、AC、常量、*VD、*AC、*LD。

【识读举例】

如图6-62所示是一段实数小于等于比较指令程序。当VD0小于或等于1.0时，Q0.0接通。

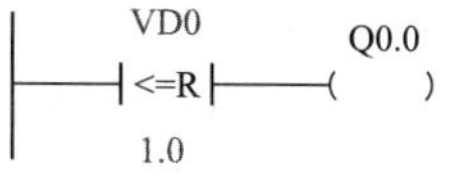

```
        VD0       Q0.0
    ├──┤ <=R ├──( )          LDR<=  VD0, 1.0
        1.0                   =     Q0.0
           (a)                      (b)
```

图6-62 实数小于等于指令程序示例

（a）梯形图；（b）语句表

5. 实数大于指令（>）

指令功能：比较两个实数IN1与IN2，当IN1大于IN2时，触点接通。数据类型为实数，梯形图与语句表如图6-63所示。

```
        IN1
    ──┤ >R ├──
        IN2          LDR>  IN1, IN2
```

图6-63　梯形图与语句表

IN1与IN2输入操作数类型：VD、ID、QD、MD、SD、SMD、LD、HC、AC、常量、*VD、*AC、*LD。

【识读举例】

如图6-64所示是一段实数大于比较指令程序。当VD0大于1.0时，Q0.0接通。

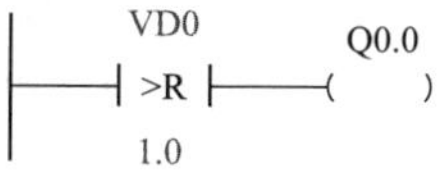

```
        VD0       Q0.0
    ├──┤ >R ├──( )           LDR>  VD0, 1.0
        1.0                   =     Q0.0
           (a)                      (b)
```

图6-64 实数大于指令程序示例

（a）梯形图；（b）语句表

6. 实数小于指令（<）

指令功能：比较两个实数IN1与IN2，当IN1小于IN2时，触点接通。数据类型为实数，梯形图与语句表如图6-65所示。

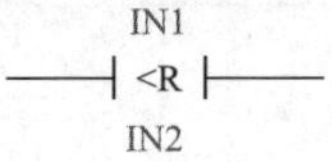

```
           IN1
         ──┤ ┐<R├──
           IN2                LDR<  IN1, IN2
```

图 6-65　梯形图与语句表

IN1 与 IN2 输入操作数类型: VD、ID、QD、MD、SD、SMD、LD、HC、AC、常量、*VD、*AC、*LD。

【识读举例】

如图 6-66 所示是一段实数小于比较指令程序。当 VD0 小于 1.0 时, Q0.0 接通。

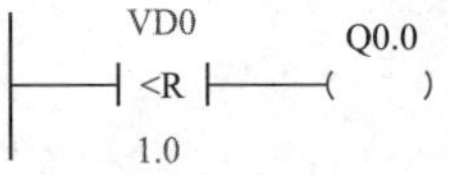

```
         VD0
                  Q0.0
       ──┤ ┐<R├──( )──        LDR<  VD0, 1.0
         1.0                    =    Q0.0

         (a)                      (b)
```

图 6-66　实数小于指令程序示例

（a）梯形图;（b）语句表

第三节　运　算　指　令

S7-200PLC 的运算指令根据运算的不同可分为加法指令、减法指令、乘法指令、除法指令、加 1 指令和减 1 指令, 下面逐一介绍。

一、加法指令

1. 整数加法指令

指令功能: 当使能输入有效时, 将两个单字长（16 位）的有符号整数 IN1 和 IN2 相加, 产生一个 16 位整数结果存到 OUT 指定的单元中, 即 IN1+IN2=OUT。数据类型为整数。梯形图及语句表如图 6-67 所示。

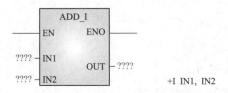

图 6-67　梯形图及语句表

IN1 操 作 数：VW、MW、IW、QW、SW、SMW、LW、AC、*VD、*AC、*LD、T、C、AIW 和常数。

IN2 操 作 数：VW、MW、IW、QW、SW、SMW、LW、AC、*VD、*AC、*LD、T、C、AIW 和常数。

OUT 操 作 数：VW、IW、QW、MW、SW、SMW、LW、AC、T、C、*VD、*AC、*LD。

【识读举例】

如图 6-68 所示是一段整数相加指令程序。当 I0.0 接通时，AC0+AC1=AC1。

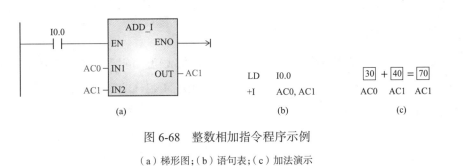

图 6-68　整数相加指令程序示例

（a）梯形图；（b）语句表；（c）加法演示

2．双整数加法指令

指令功能：当使能输入有效时，将两个双字长（32 位）的有符号双整数 IN1 和 IN2 相加，产生一个 32 位整数结果存到 OUT 指定的单元中，即 IN1+IN2=OUT。数据类型为双整数。梯形图及语句表如图 6-69 所示。

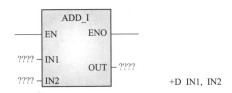

图 6-69　梯形图及语句表

IN1 操 作 数：VD、ID、QD、MD、SD、SMD、LD、HC、AC、常 量、*VD、*AC、*LD。

IN2 操 作 数：VD、ID、QD、MD、SD、SMD、LD、HC、AC、常 量、*VD、*AC、*LD。

OUT 操作数：VD、ID、QD、MD、SD、SMD、LD、AC、*VD、*AC、*LD。

【识读举例】

如图 6-70 所示是一段双整数相加指令程序。当 I0.0 接通时，AC0+AC1=AC1。

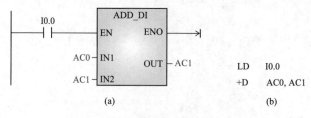

LD   I0.0
+D   AC0, AC1

图 6-70   双整数相加指令程序示例

（a）梯形图；（b）语句表

3. 实数加法指令

指令功能：当使能输入有效时，将两个双字长（32 位）的实数 IN1 和 IN2 相加，产生一个 32 位整数结果存到 OUT 指定的单元中，即 IN1+IN2=OUT。数据类型为实数。梯形图及语句表如图 6-71 所示。

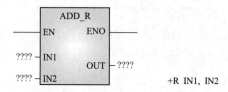

+R IN1, IN2

图 6-71   梯形图及语句表

IN1 操作数：VD、ID、QD、MD、SD、SMD、LD、AC、常量、*VD、*AC、*LD。
IN2 操作数：VD、ID、QD、MD、SD、SMD、LD、AC、常量、*VD、*AC、*LD。
OUT 操作数：VD、ID、QD、MD、SD、SMD、LD、AC、*VD、*AC、*LD。

【识读举例】

如图 6-72 所示是一段实数相加指令程序。当 I0.0 接通时，IN1（3.1415）+IN2（3.5555）=AC1（6.6970）。

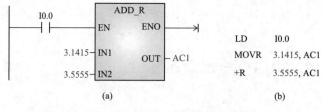

LD   I0.0
MOVR   3.1415, AC1
+R   3.5555, AC1

图 6-72   实数相加指令程序示例

（a）梯形图；（b）语句表

二、减法指令

1. 整数减法指令

指令功能：当使能输入有效时，将两个单字长（16位）的有符号整数 IN1 和 IN2 相减，产生一个 16 位整数结果存到 OUT 指定的单元中，即 IN1 – IN2=OUT。数据类型为整数。梯形图及语句表如图 6-73 所示。

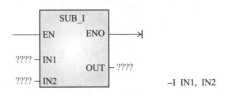

图 6-73 梯形图及语句表

IN1 操作数：VW、MW、IW、QW、SW、SMW、LW、AC、*VD、*AC、*LD、T、C、AIW 和常数。

IN2 操作数：VW、MW、IW、QW、SW、SMW、LW、AC、*VD、*AC、*LD、T、C、AIW 和常数。

OUT 操作数：VW、IW、QW、MW、SW、SMW、LW、AC、T、C、*VD、*AC、*LD。

【识读举例】

如图 6-74 所示是一段整数相减指令程序。当 I0.0 接通时，AC0 – AC1=AC2。

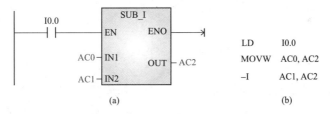

图 6-74 整数相减指令程序示例

（a）梯形图；（b）语句表

2. 双整数减法指令

指令功能：当使能输入有效时，将两个双字长（32位）的有符号双整数 IN1 和 IN2 相减，产生一个 32 位整数结果存到 OUT 指定的单元中，即 IN1 – IN2=OUT。数据类型为双整数。梯形图及语句表如图 6-75 所示。

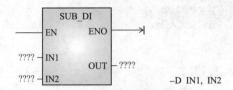

图 6-75　梯形图及语句表

IN1 操作数：VD、ID、QD、MD、SD、SMD、LD、HC、AC、常量、*VD、*AC、*LD。

IN2 操作数：VD、ID、QD、MD、SD、SMD、LD、HC、AC、常量、*VD、*AC、*LD。

OUT 操作数：VD、ID、QD、MD、SD、SMD、LD、AC、*VD、*AC、*LD。

【识读举例】

如图 6-76 所示是一段双整数相减指令程序。当 I0.0 接通时，AC0 – AC1=AC1。

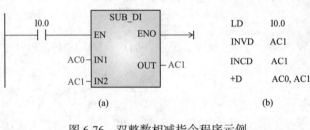

图 6-76　双整数相减指令程序示例
（a）梯形图；（b）语句表

3. 实数减法指令

指令功能：当使能输入有效时，将两个双字长（32 位）的实数 IN1 和 IN2 相减，产生一个 32 位整数结果存到 OUT 指定的单元中，即 IN1 – IN2=OUT。数据类型为实数。梯形图及语句表如图 6-77 所示。

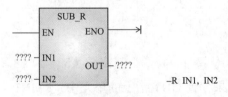

图 6-77　梯形图及语句表

IN1 操作数：VD、ID、QD、MD、SD、SMD、LD、AC、常量、*VD、*AC、*LD。

IN2 操作数：VD、ID、QD、MD、SD、SMD、LD、AC、常量、*VD、*AC、*LD。

OUT 操作数：VD、ID、QD、MD、SD、SMD、LD、AC、*VD、*AC、*LD。

【识读举例】

如图 6-78 所示是一段实数相减指令程序。当 I0.0 接通时，IN1（3.1415）–IN2（3.1415）=AC1（0.0000）。

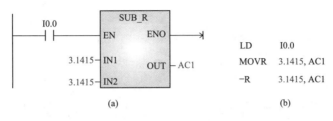

图 6-78　实数相减指令程序示例

（a）梯形图；（b）语句表

三、乘法指令

1. 整数乘法产生整数指令（MUL_I）

指令功能：当使能输入有效时，将两个单字长（16 位）的有符号整数 IN1 和 IN2 相乘，产生一个 16 位整数结果存到 OUT 指定的单元中，即 IN1*IN2=OUT。如果结果大于一个字输出，则设置溢出位。数据类型为整数。梯形图及语句表如图 6-79 所示。

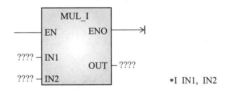

图 6-79　梯形图及语句表

IN1 操作数：VW、MW、IW、QW、SW、SMW、LW、AC、*VD、*AC、*LD、T、C、AIW 和常数。

IN2 操作数：VW、MW、IW、QW、SW、SMW、LW、AC、*VD、*AC、*LD、T、C、AIW 和常数。

OUT 操作数：VW、IW、QW、MW、SW、SMW、LW、AC、T、C、*VD、*AC、*LD。

【识读举例】

如图 6-80 所示是一段整数相乘指令程序。当 I0.0 接通时，AC0*AC1=AC2。

(a)

```
LD      I0.0
MOVW    AC0, AC2
*I      AC1, AC2
```

(b)

图 6-80　整数相乘指令程序示例

（a）梯形图；（b）语句表

2. 整数乘法产生双整数指令

指令功能：当使能输入有效时，将两个单字长（16 位）的有符号整数 IN1 和 IN2 相乘，产生一个 32 位整数结果存到 OUT 指定的单元中，即 IN1*IN2=OUT。IN1 和 IN2 数据类型为整数，OUT 数据类型为双整数。梯形图及语句表如图 6-81 所示。

```
MUL  IN1, IN2
```

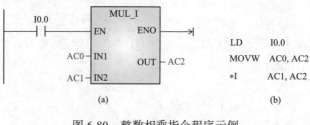

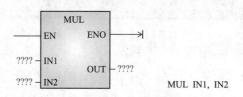

图 6-81　梯形图及语句表

IN1 操作数：VW、MW、IW、QW、SW、SMW、LW、AC、*VD、*AC、*LD、T、C、AIW 和常数。

IN2 操作数：VW、MW、IW、QW、SW、SMW、LW、AC、*VD、*AC、*LD、T、C、AIW 和常数。

OUT 操作数：VD、ID、QD、MD、SD、SMD、LD、AC、*VD、*AC、*LD。

【识读举例】

如图 6-82 所示是一段整数相乘指令程序。当 I0.0 接通时，AC0*AC1=AC2。

(a)

```
LD      I0.0
MOVW    AC0, AC2
MUL     AC1, AC2
```

(b)

图 6-82　整数相乘指令程序示例

（a）梯形图；（b）语句表

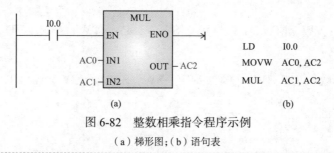

3. 双整数乘法指令

指令功能：当使能输入有效时，将两个双字长（32 位）的双整数 IN1 和 IN2 相乘，产生一个 32 位整数结果存到 OUT 指定的单元中，即 IN1*IN2=OUT。如果结果大于两个字输出，则设置溢出位。数据类型为双整数。梯形图及语句表如图 6-83 所示。

*D IN1, IN2

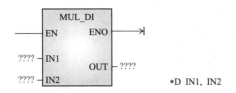

图 6-83 梯形图及语句表

IN1 操作数：VD、ID、QD、MD、SD、SMD、LD、HC、AC、常量、*VD、*AC、*LD。

IN2 操作数：VD、ID、QD、MD、SD、SMD、LD、HC、AC、常量、*VD、*AC、*LD。

OUT 操作数：VD、ID、QD、MD、SD、SMD、LD、AC、*VD、*AC、*LD。

【识读举例】

如图 6-84 所示是一段双整数相乘指令程序。当 I0.0 接通时，IN1*IN2=OUT。

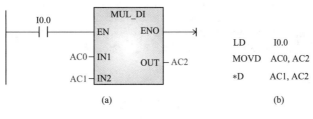

(a)

```
LD      I0.0
MOVD    AC0, AC2
*D      AC1, AC2
```

(b)

图 6-84 双整数相乘指令程序示例

（a）梯形图；（b）语句表

4. 实数乘法指令

指令功能：当使能输入有效时，将两个双字长（32 位）的实数 IN1 和 IN2 相乘，产生一个 32 位整数结果存到 OUT 指定的单元中，即 IN1*IN2=OUT。数据类型为实数。梯形图及语句表如图 6-85 所示。

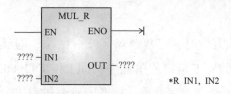

*R IN1, IN2

图 6-85　梯形图及语句表

IN1 操作数：VD、ID、QD、MD、SD、SMD、LD、AC、常量、*VD、*AC、*LD。

IN2 操作数：VD、ID、QD、MD、SD、SMD、LD、AC、常量、*VD、*AC、*LD。

OUT 操作数：VD、ID、QD、MD、SD、SMD、LD、AC、*VD、*AC、*LD。

【识读举例】

如图 6-86 所示是一段实数相乘指令程序。当 I0.0 接通时，IN1*IN2=OUT。

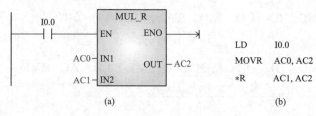

LD　　I0.0
MOVR　AC0, AC2
*R　　AC1, AC2

（a）　　　　　　　　　　（b）

图 6-86　实数相乘指令程序示例

（a）梯形图；（b）语句表

四、除法指令

1. 整数除法指令（DIV_I）

指令功能：当使能输入有效时，将两个单字长（16 位）的有符号整数 IN1 和 IN2 相除，产生一个 16 位商，不保留余数。结果存到 OUT 指定的单元中，即 IN1/IN2=OUT。如果结果大于一个字输出，则设置溢出位。数据类型为整数。梯形图及语句表如图 6-87 所示。

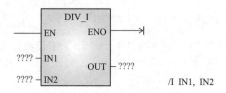

/I IN1, IN2

图 6-87　梯形图及语句表

IN1 操 作 数：VW、MW、IW、QW、SW、SMW、LW、AC、*VD、*AC、*LD、T、C、AIW 和常数。

IN2 操 作 数：VW、MW、IW、QW、SW、SMW、LW、AC、*VD、*AC、*LD、T、C、AIW 和常数。

OUT 操作数：VW、IW、QW、MW、SW、SMW、LW、AC、T、C、*VD、*AC、*LD。

【识读举例】

如图 6-88 所示是一段整数除法指令程序。当 I0.0 接通时，AC0/AC1=AC2。

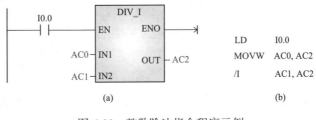

图 6-88 整数除法指令程序示例

（a）梯形图；（b）语句表

2. 带余数的整数除法指令

指令功能：当使能输入有效时，将两个单字长（16 位）的有符号整数 IN1 和 IN2 相除，产生一个 32 位结果存到 OUT 指定的单元中，其中高 16 位存放余数，低 16 位存放商。即 IN1/IN2=OUT。IN1 和 IN2 数据类型为整数，OUT 数据类型为双整数。梯形图及语句表如图 6-89 所示。

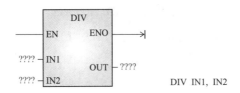

图 6-89 梯形图及语句表

IN1 操 作 数：VW、MW、IW、QW、SW、SMW、LW、AC、*VD、*AC、*LD、T、C、AIW 和常数。

IN2 操 作 数：VW、MW、IW、QW、SW、SMW、LW、AC、*VD、*AC、*LD、T、C、AIW 和常数。

OUT 操作数：VD、ID、QD、MD、SD、SMD、LD、AC、*VD、*AC、*LD。

【识读举例】

如图6-90所示是一段带余数的整数除法指令程序。当I0.0接通时，AC0/VW100=VD200。

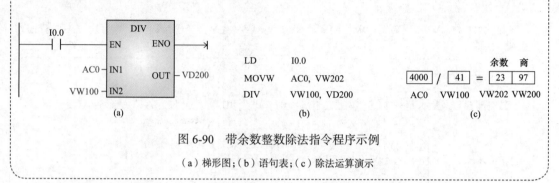

图6-90　带余数整数除法指令程序示例

（a）梯形图；（b）语句表；（c）除法运算演示

3. 双整数除法指令

指令功能：当使能输入有效时，将两个双字长（32位）的双整数IN1和IN2相除，产生一个32位商，不保留余数，结果存到OUT指定的单元中，即IN1/IN2=OUT。如果结果大于两个字输出，则设置溢出位。数据类型为双整数。梯形图及语句表如图6-91所示。

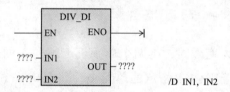

图6-91　梯形图及语句表

IN1操作数：VD、ID、QD、MD、SD、SMD、LD、HC、AC、常量、*VD、*AC、*LD。
IN2操作数：VD、ID、QD、MD、SD、SMD、LD、HC、AC、常量、*VD、*AC、*LD。
OUT操作数：VD、ID、QD、MD、SD、SMD、LD、AC、*VD、*AC、*LD。

【识读举例】

如图6-92所示是一段双整数除法指令程序。当I0.0接通时，IN1/IN2=OUT。

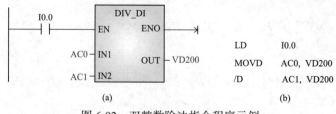

图6-92　双整数除法指令程序示例

（a）梯形图；（b）语句表

4. 实数除法指令

指令功能：当使能输入有效时，将双字长 32 位的实数 IN1 除以 IN2，产生一个实数结果送到 OUT 单元中。数据类型为实数。梯形图及语句表如图 6-93 所示。

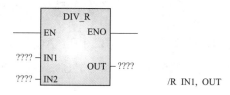

/R IN1, OUT

图 6-93　梯形图及语句表

IN1 操作数：VD、MD、ID、QD、SD、SMD、LD、AC、*VD、*AC、*LD 和常数。

IN2 操作数：VD、MD、ID、QD、SD、SMD、LD、AC、*VD、*AC、*LD 和常数。

OUT 操作数：VD、ID、QD、MD、SD、SMD、LD、AC、*VD、*AC、*LD。

【识读举例】

如图 6-94 所示是一段实数除法指令程序。当 I0.0 接通时，IN1/IN2=OUT。

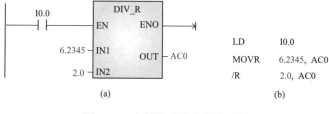

(a)　　　　　　　　　(b)

图 6-94　实数除法指令程序示例

（a）梯形图；（b）语句表

五、递增指令

递增指令又称为自动加 1 指令，数据的长度有字节、字、双字，具体指令的介绍如下。

1. 字节递增指令

指令功能：当使能输入有效时，把一字节长的无符号输入数（IN）加 1，得到一字节的无符号输出结果 OUT。执行的结果：IN+1=OUT，数据类型为字节。梯形图及语句表如图 6-95 所示。

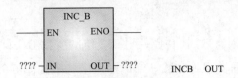

INCB   OUT

图 6-95　梯形图及语句表

IN 操作数：VB、MB、IB、QB、SB、SMB、LB、AC、*VD、*AC、*LD 和常数。

OUT 操作数：VB、IB、QB、MB、SMB、SB、LB、AC、*VD、*AC、*LD。

【识读举例】

如图 6-96 所示是一段字节递增指令程序。当 I0.0 接通时，IN1+1=OUT。

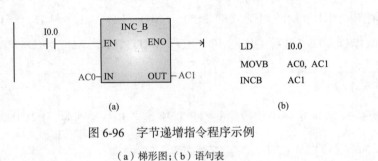

LD　　I0.0
MOVB　AC0, AC1
INCB　AC1

(a)　　　　　　　　　　　　　　(b)

图 6-96　字节递增指令程序示例

（a）梯形图；（b）语句表

2. 字递增指令

指令功能：当使能输入有效时，把一字长的有符号输入数（IN）加 1，得到一字长的有符号输出结果 OUT。执行的结果：IN+1=OUT，数据类型为字。梯形图及语句表如图 6-97 所示。

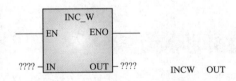

INCW   OUT

图 6-97　梯形图及语句表

IN 操作数：VW、MW、IW、QW、SW、SMW、LW、AC、*VD、*AC、*LD 和常数。

OUT 操作数：VW、IW、QW、MW、SW、SMW、LW、AC、*VD、*AC、*LD。

【识读举例】

如图 6-98 所示是一段字递增指令程序。当 I0.0 接通时，IN1+1=OUT。

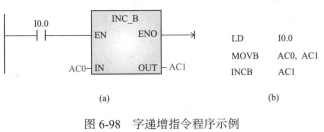

LD　　　I0.0
MOVB　　AC0, AC1
INCB　　AC1

(a)　　　　　　　　　　　　　　　(b)

图 6-98　字递增指令程序示例

（a）梯形图；（b）语句表

3. 双字递增指令

指令功能：当使能输入有效时，把双字长（32 位）的有符号输入数（IN）加 1，得到双字长的有符号输出结果 OUT，即 IN+1=OUT。数据类型为双字。梯形图及语句表如图 6-99 所示。

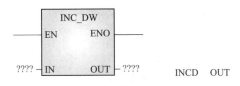

INCD　OUT

图 6-99　梯形图及语句表

IN 操作数：VD、MD、ID、QD、SD、SMD、LD、AC、*VD、*AC、*LD 和常数。

OUT 操作数：VD、ID、QD、MD、SD、SMD、LD、AC、*VD、*AC、*LD。

【识读举例】

如图 6-100 所示是一段双字递增指令程序。当 I0.0 接通时，IN1+1=OUT。

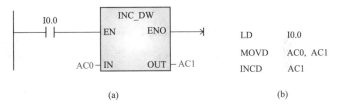

LD　　　I0.0
MOVD　　AC0, AC1
INCD　　AC1

(a)　　　　　　　　　　　　　　　(b)

图 6-100 双字递增指令程序示例

（a）梯形图；（b）语句表

六、递减指令

递减指令又称为自动减1指令，数据的长度有字节、字、双字，具体指令的介绍如下。

1. 字节递减指令

指令功能：当使能输入有效时，把一字节长的无符号输入数（IN）减1，得到一字节的无符号输出结果OUT。执行的结果：IN–1=OUT，数据类型为字节。梯形图及语句表如图6-101所示。

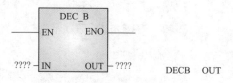

图6-101　梯形图及语句表

IN操作数：VB、MB、IB、QB、SB、SMB、LB、AC、*VD、*AC、*LD和常数。
OUT操作数：VB、IB、QB、MB、SMB、SB、LB、AC、*VD、*AC、*LD。

【识读举例】

如图6-102所示是一段字节递减指令程序。当I0.0接通时，IN1–1=OUT。

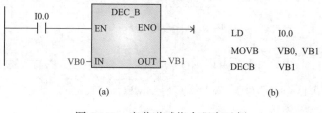

图6-102　字节递减指令程序示例

（a）梯形图；（b）语句表

2. 字递减指令

指令功能：当使能输入有效时，把一字长的有符号输入数（IN）减1，得到一字长的有符号输出结果OUT。执行的结果：IN – 1=OUT。数据类型为字，梯形图及语句表如图6-103所示。

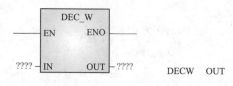

图6-103　梯形图与语句表

IN 操作数：VW、MW、IW、QW、SW、SMW、LW、AC、*VD、*AC、*LD 和常数。

OUT 操作数：VW、IW、QW、MW、SW、SMW、LW、AC、*VD、*AC、*LD。

【识读举例】

如图 6-104 所示是一段字递减指令程序。当 I0.0 接通时，IN1 – 1=OUT。

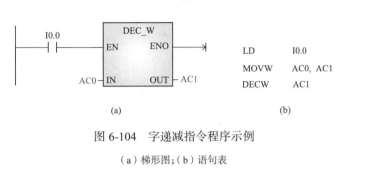

图 6-104　字递减指令程序示例

（a）梯形图；（b）语句表

第四节　数据转换指令

可编程序控制器中的主要数据类型包括字节、整数、双整数和实数等。主要的码制有 BCD 码、ASCII 码、十进制数和十六进制数等，不同性质的指令对操作数的类型要求不同，因此在指令使用前需要将操作数转化成相应的类型，下面就逐一介绍。

一、字节与整数转换指令

1. 字节到整数转换

指令功能：输入端 EN 有效时，将输入（IN）的字节型数据转换成整数，并存入 OUT。梯形图及语句表如图 6-105 所示。

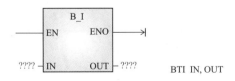

图 6-105　梯形图及语句表

IN 数据类型：字节。操作数：VB、IB、QB、MB、SB、SMB、LB、AC、常量、*VD、*AC、*LD。

OUT 数据类型：整数。操作数：VW, IW, QW, MW, SW, SMW, LW, T, C, AC, *VD, *LD, *AC。

【识读举例】

如图 6-106 所示是一段字节到整数转换指令程序。当 I0.0 接通时，把字节 VB0 中内容转换成整数存到 VW10 中。

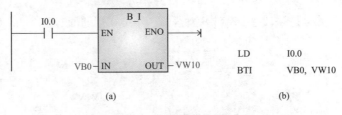

```
LD      I0.0
BTI     VB0, VW10
```

(a)   (b)

图 6-106 字节到整数转换指令程序示例

（a）梯形图；（b）语句表

2. 整数到字节转换

指令功能：输入端 EN 有效时，将输入（IN）的字节型数据转换成整数，并存入 OUT。梯形图及语句表如图 6-107 所示。

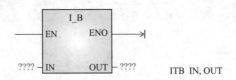

ITB IN, OUT

图 6-107 梯形图及语句表

IN 数据类型：整数。操作数：VB、IB、QB、MB、SB、SMB、LB、AC、常量、*VD、*AC、*LD。

OUT 数据类型：字节。操作数：VW，IW，QW，MW，SW，SMW，LW，T，C，AC，*VD，*LD，*AC。

【识读举例】

如图 6-108 所示是一段整数到字节转换指令程序。当 I0.0 接通时，把字节 IW0 中内容转换成整数存到 QB0 中。

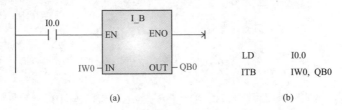

```
LD      I0.0
ITB     IW0, QB0
```

(a)   (b)

图 6-108 整数到字节转换指令程序示例

（a）梯形图；（b）语句表

二、整数与双整数转换指令

1. 整数到双整数

指令功能：输入端 EN 有效时，将输入（IN）的整数转换成双整数，并存入 OUT。梯形图及语句表如图 6-109 所示。

ITD　IN, OUT

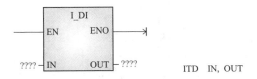

图 6-109　梯形图与语句表

IN 数据类型：整数。操作数：VB、IB、QB、MB、SB、SMB、LB、AC、常量、*VD、*AC、*LD。

OUT 数据类型：双整数。操作数：VD、ID、QD、MD、SD、SMD、LD、AC、*VD、*AC、*LD。

【识读举例】

如图 6-110 所示是一段整数到双整数转换指令程序。当 I0.0 接通时，把整数 VW0 中内容转换成双整数存到 VD10 中。

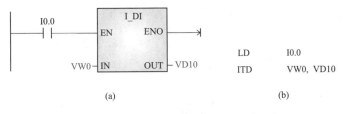

(a)

LD	I0.0
ITD	VW0, VD10

(b)

图 6-110　整数到双整数转换指令程序示例

（a）梯形图；（b）语句表

2. 双整数到整数

指令功能：输入端（IN）的有符号双整数转换成整数，并存入 OUT。梯形图与语句表如图 6-111 所示。

DTI IN, OUT

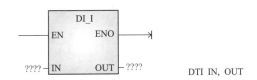

图 6-111　梯形图与语句表

IN 数据类型：双整数。操作数：VD、ID、QD、MD、SD、SMD、LD、AC、*VD、*AC、*LD。

OUT 数据类型：整数。操作数：VB、IB、QB、MB、SB、SMB、LB、AC、常量、*VD、*AC、*LD。

【识读举例】

如图 6-112 所示是一段双整数到整数转换指令程序。当 I0.0 接通时，把双整数 VD0 中内容转换成整数存到 VW10 中。

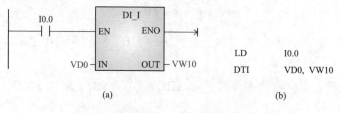

(a)

```
LD     I0.0
DTI    VD0, VW10
```

(b)

图 6-112　双整数到整数转换指令程序示例

（a）梯形图；（b）语句表

三、双整数与实数的转换指令

1. 双整数到实数

指令功能：将输入端（IN）指定的 32 位有符号整数转换成 32 位实数。梯形图与语句表如图 6-113 所示。

```
DTR IN, OUT
```

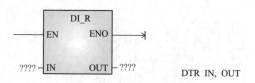

图 6-113　梯形图与语句表

IN 数据类型：双整数。操作数：VD、ID、QD、MD、SD、SMD、LD、AC、HC、*VD、*AC、*LD。

OUT 数据类型：实数。操作数：VD、ID、QD、MD、SD、SMD、LD、AC、*VD、*AC、*LD。

【识读举例】

如图 6-114 所示是一段双整数到实数转换指令程序。当 I0.0 接通时，把双整数型数据 100 转换成实数存到 VD10 中。

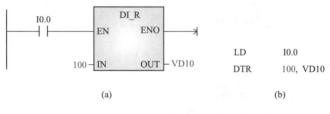

```
LD      I0.0
DTR     100, VD10
```

图 6-114　双整数到实数转换指令程序示例

（a）梯形图；（b）语句表

2. 实数到双整数

指令功能：ROUND 取整指令，转换时实数的小数部分四舍五入。梯形图与语句表如图 6-115 所示。

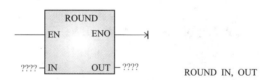

ROUND IN, OUT

图 6-115　梯形图与语句表

IN 数据类型：实数。操作数：VD、ID、QD、MD、SD、SMD、LD、AC、*VD、*AC、*LD。

OUT 数据类型：双整数。操作数：VD、ID、QD、MD、SD、SMD、LD、AC、HC、*VD、*AC、*LD。

3. 实数到双整数

指令功能：TRUNC 取整指令，实数舍去小数部分后，转换成 32 位有符号整数。梯形图与语句表如图 6-116 所示。

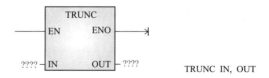

TRUNC IN, OUT

图 6-116　梯形图与语句表

IN 数据类型：实数。操作数：VD、ID、QD、MD、SD、SMD、LD、AC、*VD、*AC、*LD。

OUT 数据类型：双整数。操作数：VD、ID、QD、MD、SD、SMD、LD、AC、HC、*VD、*AC、*LD。

四、整数与BCD码转换指令

1. 整数到 BCD 码

指令功能：将输入整数值 IN 转换成二进制编码的十进制数，并将结果载入 OUT 指定的变量中。IN 的有效范围是 0 ~ 9999 BCD。梯形图与语句表如图 6-117 所示。

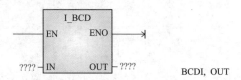

BCDI, OUT

图 6-117　梯形图与语句表

数据类型：字。

IN 操作数：VW，IW，QW，MW，SW，SMW，LW，T，C，AIW，AC，常量，*VD，*AC，*LD。

OUT 操作数：VW，IW，QW，MW，SW，SMW，LW，T，C，AC，*VD，*LD，*AC。

【识读举例】

如图 6-118 所示是一段整数到 BCD 码转换指令程序。当 I0.0 接通时，把整数型数据 100 转换成 BCD 码存到 AC0 中。

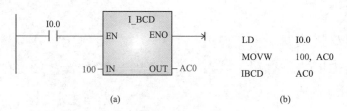

```
LD      I0.0
MOVW    100, AC0
IBCD    AC0
```

(a)   (b)

图 6-118　双整数到实数转换指令程序示例

（a）梯形图；（b）语句表

2. BCD 码到整数

指令功能：将二进制编码的十进制数值 IN 转换成整数，并将结果载入 OUT 指定的变量中。IN 的有效范围是 0 ~ 9999 BCD。梯形图与语句表如图 6-119 所示。

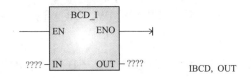

图6-119 梯形图与语句表

数据类型：字。

IN 操作数：VW，IW，QW，MW，SW，SMW，LW，T，C，AIW，AC，常量，*VD，*AC，*LD

OUT 操作数：VW，IW，QW，MW，SW，SMW，LW，T，C，AC，*VD，*LD，*AC。

【识读举例】

如图6-120所示是一段二进制BCD码到整数转换指令程序。当I0.0接通时，把BCD码1000转换成整数存到AC0中。

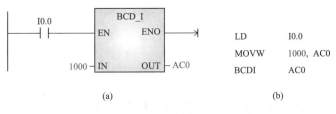

图6-120 BCD码到整数转换指令程序示例

（a）梯形图；（b）语句表

五、编码与译码指令

1. 编码指令（ENCO）

指令功能：使能输入端有效时，将字型输入数据 IN 的最低位有效位（值为1的位）的位号输出到 OUT 所指定的字节单元的低4位（半字节）。即用半个字节来对一个字型数据16位中的1位有效位进行编码。梯形图与语句表如图6-121所示。

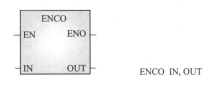

图6-121 梯形图与语句表

数据类型：输入为字，输出为字节。

IN 操作数：VW，IW，QW，MW，SW，SMW，LW，T，C，AIW，AC，常量，*VD，*AC，*LD。

OUT 操作数：VB，IB，QB，MB，SB，SMB，LB，AC，*VD，*LD，*AC。

【识读举例】

如图 6-122 所示是一段编码指令程序。当 I3.1 接通时，把 AC2 中值为 1 的位号也就是第"9"位，通过编码指令把结果输出到 OUT 所指定的 VB40 中，执行结果为"9"。

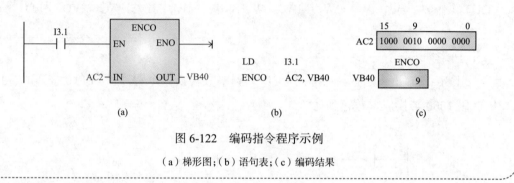

图 6-122 编码指令程序示例

（a）梯形图；（b）语句表；（c）编码结果

2. 译码指令 (DECO)

指令功能：使能输入端有效时，将字节输入数据 IN 的低四位所表示的位号对 OUT 所指定的字单元的对应位置 1，其他位置 0。即对半个字节的编码进行译码，以选择一个字型数据 16 位中的 1 位。梯形图与语句表如图 6-123 所示。

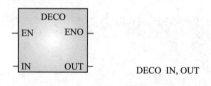

图 6-123 梯形图与语句表

数据类型：输入为字节，输出为字。

IN 操作数：VB，IB，QB，MB，SB，SMB，LB，AC，*VD，*LD，*AC。

OUT 操作数：VW，IW，QW，MW，SW，SMW，LW，T，C，AIW，AC，常量，*VD，*AC，*LD。

【识读举例】

如图 6-124 所示是一段译码指令程序。当 I3.1 接通时，把 AC2 中的值 3，通过译码指令把结果输出到 OUT 所指定的 VW40 中，执行结果为"0000000000001000"。

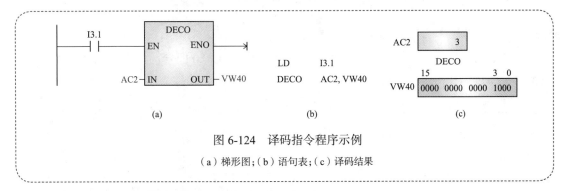

图 6-124 译码指令程序示例

（a）梯形图；（b）语句表；（c）译码结果

六、七段数码管的编码指令

在 S7-200PLC 中，有一条可直接驱动七段数码管的指令 SEG，该指令在数码管的显示中直接应用，非常方便，具体指令的介绍见表 6-2，七段码编码见表 6-3。

表6-2

译码指令表

指令	梯形图	指令	功能	数据类型及操作数
七段显示译码指令	SEG EN ENO IN OUT	SEG IN, OUT	当输入端 EN 有效时，把输入字节（IN）低 4 位确定的有效十六进制数（16#0 ~ F）产生点亮 7 显示器各段的代码（七段显示码），并送到输出 OUT 字节单元	数据类型: 字节 IN 操作数: VB、IB、QB、MB、SB、SMB、LB、AC、常量、*VD、*AC、*LD。 OUT: VB、IB、QB、MB、SMB、LB、AC、*VD、*AC、SB、*LD

表6-3

七段码编码表

输入 LSD	七段码 显示器	输出 -gfe dcba		输入 LSD	七段码 显示器	输出 -gfq dcba
0		0 0 1 1 1 1 1 1		8		0 1 1 1 1 1 1 1
1		0 0 0 0 0 1 1 0		9		0 1 1 0 0 1 1 1
2		0 1 0 1 1 0 1 1		A		0 1 1 1 0 1 1 1
3		0 1 0 0 1 1 1 1		B		0 1 1 1 1 1 0 0
4		0 1 1 0 0 1 1 0		C		0 0 1 1 1 0 0 1
5		0 1 1 0 1 1 0 1		D		0 1 0 1 1 1 1 0
6		0 1 1 1 1 1 0 1		E		0 1 1 1 1 0 0 1
7		0 0 0 0 0 1 1 1		F		0 1 1 1 0 0 0 1

【识读举例】七段数码管的控制程序

如图 6-125 所示为七段数码管的控制梯形图。当 I0.0 闭合时上升沿脉冲使计数器 C0 计数，并传送到 VW0 中。

七段显示译码指令，把 VW0 的低四位（VB1）的二进制数码转换成七段显示码输出到 QB0 中，驱动数码管显示数字。

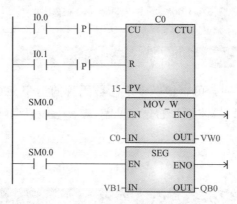

6-125 七段数码管的梯形图

第五节 跳 转 指 令

跳转指令可以根据不同的逻辑条件，有选择地执行不同地程序，可以使程序结构更加灵活，减少扫描时间，从而加快了系统响应速度。跳转指令需要两条指令配合使用，跳转开始指令（JMP）和跳转标号指令（LBL），具体指令介绍见表6-4。

表6-4

跳转指令

指令类型	梯形图	指令	指令功能	数据类型	操作数
跳转指令	—(JMP) n	JMP n	使能输入有效时，使程序跳转到指定标号 n 处执行，使能输入无效时，程序顺序执行	字	常数 0 ~ 255
标号指令	n LBL	LBL n	用来标记跳转指令的目的位置		

【识读举例】

图6-126所示是跳转指令应用的梯形图及语句表。

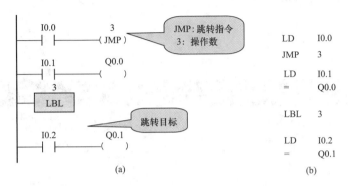

图6-126 跳转指令的应用

（a）梯形图；（b）语句表

上图中所示是跳转指令的应用梯形图程序。当I0.0接通时，JMP条件满足，程序跳转执行LBL3以后的程序，在JMP和LBL3之间的指令均不执行，即在此过程中，I0.1即使接通，Q0.0也不会接通，只有当JMP条件不满足时，I0.1接通时，Q0.0才会接通。程序的语句表如图6-126（b）所示。

识读说明：

（1）跳转指令JMP和LBL必须配合应用，并且同时出现在同一程序中。不允许从主程序跳到子程序或中断程序，也不允许从子程序跳到主程序或中断程序。

（2）在跳转条件中引入上升沿或下降沿脉冲指令时，跳转只能执行一个扫描周期。

（3）在执行跳转后，Q、M、S、C等元件的位保持跳转前的状态；定时器在跳转期间，分辨率1ms和10ms的定时器一直维持原工作状态，原来工作的会继续工作。对于分辨率100ms的定时器，在跳转期间停止工作，但不会复位，存储器里的值为跳转前的值，跳转结束后，若输入条件允许，可继续计时，但失去了准确计时的意义，所以在使用时要慎重。

第六节 子程序指令

S7-200 PLC的指令系统中具有简单、方便、灵活的子程序调用指令，在结构化程序设计中是一种方便有效的工具。子程序指令包括子程序调用、子程序有条件返回和带参数的子程序调用。下面通过实例来识读指令的应用。

在编写程序时，为了使程序结构优化、灵活，对于重复的程序可以编写成一个子程序，在满足执行条件时，主程序转去执行子程序，子程序执行完毕后，返回主程序继续执行。子程序指令介绍见表6-5。

表6-5

子程序指令表

子程序指令	梯形图	指令	指令功能	数据类型及操作数
子程序调用指令	SBR_0	CALL SBR0	调用子程序	数据类型：布尔型（BOOL） 操作数：I、Q、M、SM、AI、AQ、V、T、C、S、AC
子程序有条件返回指令	—(RET)	CRET	结束子程序，返回主程序	

【识读举例】

如图6-127所示是子程序指令应用梯形图。

在上图中，子程序的调用是在主程序内使用子程序调用指令完成，在操作过程中，先建立子程序。子程序的建立是通过编程软件来完成。当I0.0接通，Q0.0输出，T37延时10s后，调用子程序，当T38延时10s后返回主程序。

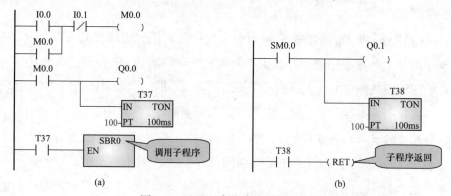

图6-127 子程序指令应用梯形图

（a）主程序的梯形图；（b）子程序的梯形图

识读说明：

（1）在主程序中，可以嵌套调用子程序（在子程序中调用子程序），最多嵌套8层。在中断服务程序中，不能嵌套调用子程序。

（2）在被中断服务程序调用的子程序中不能再出现子程序调用。不禁止递归调用（子程序调用自己），但是当使用带子程序的递归调用时应慎重。

（3）调用子程序时可以带参数也可以不带参数。子程序最多可传递6个参数，传递的参数在子程序局部变量表中定义。子程序执行完成后，控制权返回到调用子程序的指令的下一条指令。

第七节 中 断 指 令

1. 中断

中断就是中止当前正在运行的程序，去执行为立即响应的信号而编制的中断服务程序，执行完毕再返回原先中止的程序并继续执行。

（1）中断源。中断源是指发出中断请求的事件，又叫中断事件。S7-200系列可编程控制器最多有34个中断源，分为三大类：①通信中断；②输入/输出（I/O）中断；③时基中断。

（2）中断优先级。在中断系统中，将全部中断源按中断性质和处理的轻重缓急进行排序，给以优先权。中断优先级由高到低依次是：通信中断、输入/输出中断、时基中断。每种中断的不同中断事件又有不同的优先权。主机中的所有中断事件及优先级见表6-6。

表6-6

中断事件及优先级

组优先级	组内类型	中断事件号	中断事件描述	组内优先级
通信中断（最高级）	通信口1	8	通信口0：接受字符	0
		9	通信口0：发送字符	0
		23	通信口0：接受信息完成	0
	通信口2	24	通信口1：接受信息完成	1
		25	通信口1：接受字符	1
		26	通信口1：发送字符	1
输入/输出中断（次高级）	脉冲输出	19	PTO0脉冲串输出完成中断	0
		20	PTO0脉冲串输出完成中断	1
	外部输入	0	I0.0上升沿中断	2
		2	I0.1上升沿中断	3
		4	I0.2上升沿中断	4
		6	I0.3上升沿中断	5
		1	I0.0下降沿中断	6
		3	I0.1下降沿中断	7
		5	I0.2下降沿中断	8
		7	I0.3下降沿中断	9

续表

组优先级	组内类型	中断事件号	中断事件描述	组内优先级
输入/输出中断（次高级）	高速计数器	12	HSC0 当前值等于预设值中断	10
		27	HSC0 输入方向改变中断	11
		28	HSC0 外部复位中断	12
		13	HSC1 当前值等于预设值	13
		14	HSC1 输入方向改变中断	14
		15	HSC1 外部复位中断	15
		16	HSC2 当前值等于预设值	16
		17	HSC2 输入方向改变中断	17
		18	HSC2 外部复位中断	18
		32	HSC3 当前值等于预设值	19
		29	HSC4 当前值等于预设值	20
		30	HSC4 输入方向改变中断	21
		31	HSC4 外部复位中断	22
		33	HSC5 当前值等于设定值中断	23
时基中断（最低级）	定时	10	定时中断 0	0
		11	定时中断 1	1
	定时器	21	T32 当前值等于预设值中断	2
		22	T96 当前值等于预设值中断	3

2. 中断指令

在主程序中调用中断程序，使系统对特殊的内部事件做出响应。系统响应中断时自动保存逻辑堆栈、累加器和某些特殊标志存储器位，即保护现场。中断处理完成后，又自动恢复这些单元的状态，即恢复现场。具体的中断指令介绍见表 6-7。

表6-7

中断指令表

指令	梯形图	指令	功能	数据类型及操作数
中断连接指令	ATCH EN ENO ????-INT ????-EVNT	ATCH INT EVNT	将一个中断事件和一个中断程序建立联系，并允许这一中断事件	中断程序号 INT 和中断事件号 EVNT 均为字节型常数。 EVNT 的取值范围: CPU221 和 CPU222 的 EVNT 取值范围 0 ~ 12，19 ~ 23，27 ~ 33; CPU224 的 EVNT 取值范围: 0 ~ 23，27 ~ 33; CPU226 和 226XM 的 EVNT 取值范围: 0 ~ 33
中断分离指令	DTCH EN ENO ????-EVNT	DTCH EVNT	切断一个中断事件和所有程序的联系，使该事件的中断回到不激活或无效状态，因而禁止了该中断事件	

续表

指令	梯形图	指令	功能	数据类型及操作数
开中断指令	—(ENI)	ENI	允许全局开放所有被连接的中断事件	无操作数
关中断指令	—(DISI)	DISI	全局关闭所有连接的中断事件	无操作数

3. 中断程序

中断程序是用户处理中断事件而事先编制的程序，编程时可以用中断程序入口处的中断程序标号来识别每个中断程序。中断程序不是由程序调用，而是在中断事件发生时由操作系统调用。中断程序一般由三部分构成：中断程序标号、中断程序指令和无条件返回指令。

【识读举例】中断控制的应用 1

如图 6-128 所示是外部输入信号通过中断控制电动机起动与停止的梯形图。

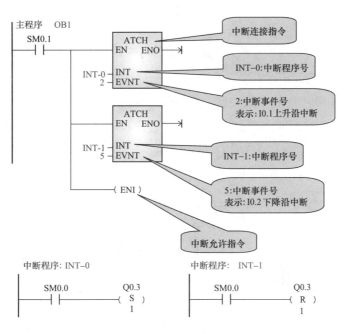

图 6-128　外部输入信号通过中断控制电动机起动与停止的梯形图

图 6-128 中所示是外部输入信号通过中断控制电动机起动与停止的梯形图。在编制中断程序时，首先打开编辑软件，在主程序编辑区编辑主程序，如图 6-127 所示。然后在编辑软件中"编辑"菜单下的"插入"中选择"中断"，则自动产生一个新的中断程序编号，进入该中断程序的编辑区，即可编写如图 6-127 所示的中断程序 INT-0 和 INT-1。

上述梯形图中，当外部按钮 SB1 接通，则 I0.1 上升沿可产生 2 号中断事件（查表 6-6 可知 2 号中断事件即是 I0.1 上升沿中断），程序转去执行中断标号为 INT-0 的中断程序，使输出线圈 Q0.3 置位，电动机运转；当外部按钮 SB2 接通，则 I0.2 下降沿可产生 5 号中断事件（查表 6-6 可知 5 号中断事件即是 I0.2 下降沿中断），程序转去执行中断标号为 INT-1 的中断程序，使输出线圈 Q0.3 复位，电动机停止运转。

识读说明：

（1）S7-200 CPU 在任何时刻，只能执行一个中断程序；在中断各自的优先级组内按照先来先服务的原则为中断提供服务，一旦一个中断程序开始执行，则一直执行至完成，不能被另一个中断程序打断，即使是更高优先级的中断程序；

（2）中断程序执行中，新的中断请求按优先级排队等候，中断队列能保存的中断个数有限，若超出，则会产生溢出。

（3）在中断程序中禁止使用 DISI、ENI、HDEF、LSCR、END 指令。

（4）中断程序最后一条指令一定是无条件返回指令 RETI(省略)，也可以是有条件返回指令 CRETI 结束中断程序。

（5）中断程序的编写要求短小精悍、执行时间短，否则意外情况可能会导致由主程序控制的设备出现异常操作。

【识读举例】利用定时中断控制彩灯循环

利用定时中断控制 8 位彩灯循环左移。首先设定 8 位彩灯在 QB0 处显示，初始值设定为 16#07，每隔 1s 循环左移 1 位。SB1 为开始按钮，SB2 为停止按钮。如图 6-129 所示是利用定时中断控制 8 位彩灯循环左移的梯形图。

图 6-129 中是利用定时中断控制 8 位彩灯循环左移的梯形图。对于定时中断又分为定时中断 0 和定时中断 1。定时中断 0 或 1，是把 0 ~ 255ms 的周期时间写入特殊继电器 SMB34 或 SMB35 中，CPU 支持定时中断，当某个中断程序连接到一个定时中断事件上，如果该定时中断被允许，定时中断以固定的周期时间（SMB34 和 SMB35 的设定值）间隔溢出时，执行被连接的中断程序。

图 6-129 梯形图中，在主程序中闭合 I0.0，上升沿脉冲置位 M0.0,QB0 初始设定值为 16#07，同时定时中断以 SMB34 设定 200ms 的周期来执行 INT-0 中断程序，每执行一次，变量寄存器 VB1 自动加 1，计数到 5 次后 (时间为 1s)，执行每隔 1s 循环左移 1 位，彩灯循环左移显示，此时 VB1 清零，重新等待计数。停止时，闭合 I0.1，上升沿脉冲触发复位 M0.0，QB0 清零，彩灯全部熄灭。

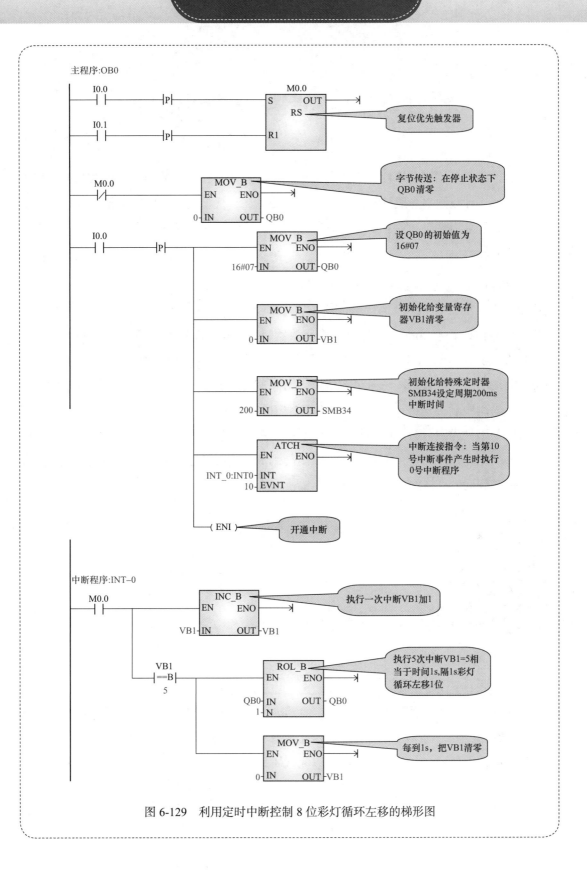

图6-129 利用定时中断控制8位彩灯循环左移的梯形图

第八节　高速计数器指令

普通计数器是按照顺序扫描的方式进行工作，在每个扫描周期中，对计数脉冲只能进行一次累加，计数频率一般仅有几十赫兹。然而，在现代自动控制中实现精确定位和测量长度，则需要采用高速计数器来完成对高频率输入信号计数的任务。

1. 高速计数器

S7-200 CPU 具有集成硬件高速计数器。CPU221 和 CPU222 有 4 个 30kHz 单相高速计数器或 2 个 20kHz 的两相高速计数器；CPU224、CPU226 和 CPU226XP 有 6 个 30kHz 单相高速计数器或 4 个 20kHz 的两相高速计数器；S7-200 的新一代产品 CPU224XP 支持高达 100kHz 的计数脉冲。高速计数器在程序中使用时的地址编号用 HCn 来表示（在非程序中有时用 HSCn），HC 表编程元件名称，为高速计数器，n 为编号。高速计数器的计数和动作可采用中断方式进行控制，与 CPU 的扫描关系不大，各种型号的 PLC 可用的高速计数器中断事件大致分为三类：当前值等于预设值中断、输入方向改变中断和外部复位中断。每个高速计数器的三种中断的优先级由高到低，不同高速计数器之间的优先级是按编号顺序由高到低。具体的对应关系见表 6-8。

表6-8

S7-200CPU高速计数器

主机型号	CPU221 和 CPU222	CPU224、CPU224XP 和 CPU226
可用HSC数量	4	6
HSC编号范围	HC0，HC3，HC4，HC5	HC0 ~ HC5

2. 高速计数器的工作模式与输入端的连接

高速计数器共有四种基本类型：带有内部方向控制的单相计数器，带有外部方向控制的单相计数器，带有两个时钟输入的双相计数器和 A/B 相正交计数器。

每种高速计数器有多种工作模式，以完成不同的功能，具体的工作模式与中断事件有密切关系。每一种高速计数器的工作模式的数量也不同，HSC1 和 HSC2 最多可达 12 种，而 HSC5 只有一种工作模式。

高速计数器在使用时，首先使用 HDEF 指令给高速计数器指定一种工作模式，只要模式一定，高速计数器所使用的输入端子就必须按照系统指定的输入点输入信号。例如，HSC0 在模式 0 下工作，只用 I0.0 作为时钟输入，不能使用 I0.1 和 I0.2，这两个输入端可以作为其他使用。高速计数器的工作模式和输入点见表 6-9。

表6-9

高速计数器的工作模式和输入点

HSC编号及其对应的输入端子 / HSC模式	功能及说明	占用的输入端子及其功能			
HSC0		I0.0	I0.1	I0.2	
HSC4		I0.3	I0.4	I0.5	
HSC1		I0.6	I0.7	I1.0	I1.1
HSC2		I1.2	I1.3	I1.4	I1.5
HSC3		I0.1			
HSC5		I0.4			
0	单路脉冲输入的内部方向控制加/减计数 控制字 SM37.3=0，减计数；SM37.3=1，加计数	脉冲输入端			
1				复位端	
2				复位端	起动
3	单路脉冲输入的外部方向控制加/减计数 方向控制端=0，减计数；方向控制端=1，加计数	脉冲输入端	方向控制端		
4				复位端	
5				复位端	起动
6	两路脉冲输入的单相加/减计数 加计数有脉冲输入，加计数；减计数端脉冲输入，减计数	加计数脉冲输入端	减计数脉冲输入端		
7				复位端	
8				复位端	起动
9	两路脉冲输入的双相正交计数 A 相脉冲超前 B 相脉冲，加计数；A 相脉冲滞后 B 相脉冲，减计数；	A 相脉冲输入端	B 相脉冲输入端		
10				复位端	
11				复位端	起动

3. 高速计数器指令

高速计数器的指令有两条：定义高速计数器指令和执行高速计数器指令。具体指令的介绍见表 6-10。

表6-10

高速计数器指令表

指令	梯形图	指令	功能	数据类型及操作数
定义高速计数器 HDEF 指令	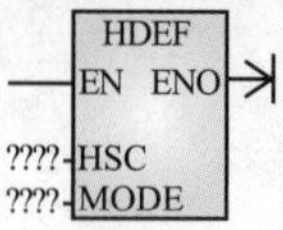 HDEF EN ENO ????-HSC ????-MODE	HDEF HSC, MODE	使能输入有效时，为指定的高速计数器分配一种工作模式，并且只能定义一次	数据类型：字节型 操作数：HSC，高速计数器编号，为 0 ~ 5 的常数； MODE，工作模式，为 0 ~ 11 的常数
执行高速计数器 HSC 指令	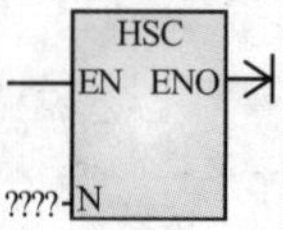 HSC EN ENO ????-N	HSC N	使能输入有效时，根据高速计数器特殊存储器位的状态，并按照 HDEF 指令指定的工作模式，设置高速计数器并控制其工作	数据类型：字型 操作数：HSC，高速计数器编号，为 0 ~ 5 的常数

【识读举例】高速计数器的使用方法

根据使用的主机型号和控制要求，来选择和使用高速计数器及工作模式。该步骤是对高速计数器的初始化，在高速计数器投入运行之前，必须执行一次初始化程序段或初始化子程序。一般用首次扫描时接通一个扫描周期的特殊内部存储器 SM0.1 去对主程序中的程序段或一个子程序，来完成初始化操作，如图 6-130 所示。具体步骤如下。

（1）定义高速计数器和模式。

使用高速计数器定义指令 (HDEF) 来指定一个高速计数器（HSCN）并选择工作模式，每一个高速计数器使用一条定义的高速计数器指令。

（2）设置高速计数器的控制字节。

在执行 HDEF 指令之前，必须根据控制要求设置控制字（SMB37、SMB47、SMB137、SMB147、SMB157）。每个高速计数器都有固定的特殊标志存储器与之相配合，来完成高速计数功能。每个高速计数器通过 HDEF 指令定义了工作模式后，也就确定了与之对应的特殊寄存器，通过对特殊寄存器的控制字节 SMB 指定位，进行编程，来确定高速计数器的控制方式。具体高速计数器对应的特殊寄存器如表 6-11 所示，控制字各位的意义如表 6-12 所示。

表6-11

HSC使用的特殊标志寄存器

高速计数器编号	状态字节	控制字节
HSC0	SMB36	SMB37
HSC1	SMB46	SMB47
HSC2	SMB56	SMB57
HSC3	SMB136	SMB137
HSC4	SMB146	SMB147
HSC5	SMB156	SMB157

表6-12

高速计数器的控制字节意义

HSC0	HSC1	HSC2	HSC3	HSC4	HSC5	说明
SM37.0	SM47.0	SM57.0		SM147.0		复位有效电平控制： 0= 复位信号高电平有效；1= 低电平有效
	SM47.1	SM57.1				起动有效电平控制： 0= 起动信号高电平有效；1= 低电平有效
SM37.2	SM47.2	SM57.2		SM147.2		正交计数器计数速率选择： 0=4× 计数速率；1=1× 计数速率
SM37.3	SM47.3	SM57.3	SM137.3	SM147.3	SM157.3	计数方向控制位： 0= 减计数；1= 加计数
SM37.4	SM47.4	SM57.4	SM137.4	SM147.4	SM157.4	向 HSC 写入计数方向： 0= 无更新；1= 更新计数方向
SM37.5	SM47.5	SM57.5	SM137.5	SM147.5	SM157.5	向 HSC 写入新预置值： 0= 无更新；1= 更新预置值
SM37.6	SM47.6	SM57.6	SM137.6	SM147.6	SM157.6	向 HSC 写入新当前值： 0= 无更新；1= 更新当前值
SM37.7	SM47.7	SM57.7	SM137.7	SM147.7	SM157.7	HSC 允许： 0= 禁用 HSC；1= 起用 HSC

（3）执行 HDEF 指令，设置 HSC 的编号（0 ~ 5），设置工作模式（0 ~ 11）。

（4）设置当前值和预设值。

每个高速计数器都有一个 32 位当前值和一个 32 位预置值，当前值和预置值均为带符号的整数值。要设置高速计数器的新当前值和新预置值，必须设置控制字节令其第 5 位和第 6 位为 1，允许更新预置值和当前值，新当前值和新预置值写入特殊内部标志位存储区。然后执行 HSC 指令，将新数值传输到高速计数器中。新的当前值写入 32 位当前值寄存器（SMD38、SMD48、SMD58、SMD138、SMD148、SMD158）；新的预置值写入 32 位预置值寄存器（SMD42、SMD52、SMD62、SMD142、SMD152、SMD162）。高速计数器各种数值存放地址见表 6-13。

表6-13

高速计数器的数值存放地址

计数器号	HSC0	HSC1	HSC2	HSC3	HSC4	HSC5
当前值（初始值）	SMD38	SMD48	SMD58	SMD138	SMD148	SMD158
预置值（设定值）	SMD42	SMD52	SMD62	SMD142	SMD152	SMD162

（5）设置中断事件并全局开中断。

高数计数器是利用中断方式对高速计数器进行精确控制的。用中断连接指令 ATCH 将中断事件号和中断程序连接起来，并全局开中断。

（6）执行 HSC 指令。

以上设置完成并用指令实现后，即可用 HSC 指令使 S7-200CPU 对高速计数器编程以进行计数。

在首次扫描时，调用初始化子程序 SBR_0。在子程序中，将 16#F8 传送到 SMB47 中，配置 HSC1 的工作模式为：起动和复位输入高电平有效、4 倍计数率的正交模式、计数方向为增计数、允许更新计数方向、允许更新计数值、允许更新当前值、允许执行高速计数指令。清除 HSC1 的初始值，配置 HSC1 的预置值为 50，当 HSC1 的当前值等于预置值时，连接中断程序 INT-0 到事件 13，全局中断允许，对 HSC1 执行高速计数。中断程序中，SMB48 清 0, 重新写入 16#C0 到 SMB47 中，执行 HSC1 高速计数。

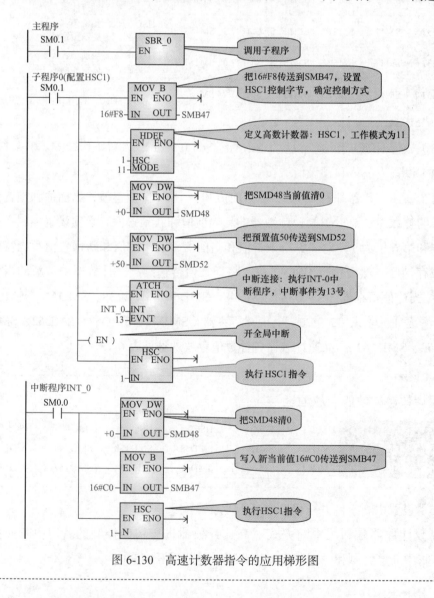

图 6-130　高速计数器指令的应用梯形图

第七章

掌握电动机的PLC控制

第一节　识读工作台自动循环控制电路

在实际生产中，有些生产机械的工作台需要自动往返运动，有的要求在两终端有一定时间的停留，以满足生产工艺要求。解决的方法是在往返的限定位置安装行程开关，用运动部件的撞击使行程开关动作，接通或断开控制电路，实现电动机的正反转自动转换，从而实现工作台自动往返循环控制。工作台自动循环示意图如图7-1所示。

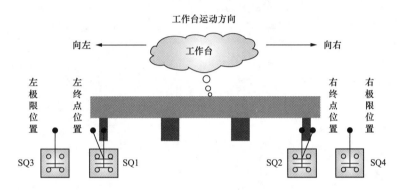

图7-1　工作台自动循环示意图

一、继电器控制的工作台自动循环控制电路

如图7-2所示是电动机自动循环控制电路图。为了使电动机的正反转控制与工作台的左右运动相配合，在控制线路中设置了四个行程开关SQ1、SQ2、SQ3和SQ4，并把它们安装在工作台需限位的地方。其中SQ1、SQ2被用来自动换接电动机正反转控制电路，实现工作台的自动往返行程控制；SQ3和SQ4被用来作为终端保护，以防止SQ1、SQ2失灵，工作台越过限定位置而造成事故。在工作台边的T形槽中装有两块挡铁，挡铁1只能和SQ1、SQ3相碰撞，挡铁2只能和SQ2、SQ4相碰撞。当工作台运动到所限位置时，挡铁碰撞行程开关，使其触点动作，自动换接电动机正反转控制电路，通过机械传动机构使工作台自动往返运动。工作台行程可通过移动挡铁位置来调节，拉开两块挡铁间的距离，行程就短，反之则长。

1. 电路组成

（1）电源电路。由三相电源线L1、L2、L3、电源开关QF、熔断器FU1等组成。

（2）主电路。由FU1、KM1、KM2、KH及电动机M组成。KM1为正转用接触器，其主触点所接通的电源相序按U-L1、V-L2、W-L3相序接线。KM2为反转用接触器，其主触点所接通的电源相序按U-L3、V-L2、W-L1相序接线。因此KM1和KM2交替工作可以改变电动机转向。

（3）控制电路。正转控制电路由 FU2、KH、SB1、SB2、SQ1、SQ3、KM1 线圈等组成。反转控制电路由 FU2、KH、SB1、SB3、SQ2、SQ4、KM2 线圈等组成。

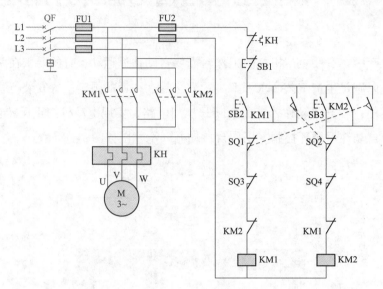

图 7-2　电动机自动循环控制电路图

2.　工作原理分析

（1）工作台左移。先合上开关 QF。按下 SB2 按钮，KM1 线圈得电，KM1 自锁触点闭合自锁，KM1 主触点闭合，同时 KM1 连锁触点分断对 KM2 连锁，电动机 M 起动连续正转，工作台向左运动。

（2）左移限位。当挡铁 1 碰撞位置开关 SQ1，SQ1 动断触点先分断，KM1 线圈失电，KM1 自锁触点分断解除自锁，KM1 主触点分断，KM1 连锁触点恢复闭合解除连锁，电动机 M 失电停转，工作台停止左移。

（3）工作台右移。当工作台停止左移同时 SQ1 动合触点闭合，使 KM2 自锁触点闭合自锁，KM2 主触点闭合，同时 KM2 连锁触点分断对 KM1 连锁，电动机 M 起动连续反转，工作台右移（SQ1 触点复位）。

（4）右移限位。当挡铁 2 碰撞位置开关 SQ2，SQ2 动断触点先分断，KM2 线圈失电，KM2 自锁触点分断解除自锁，KM2 主触点分断，KM2 连锁触点恢复闭合解除连锁，电动机 M 失电停转，工作台停止右移。

（5）自动接通工作台左移。当工作台停止右移同时 SQ2 动合触点闭合，使 KM1 自锁触点闭合自锁，KM1 主触点闭合，同时 KM1 连锁触点分断对 KM2 连锁。电动机 M 起动连续正转，工作台向左运动，依次循环动作使机床工作台实现自动往返动作。

（6）工作台停止。按下停止按钮 SB1，电动机停止。

二、用PLC实现工作台自动往返控制

其硬件接线控制电路如图 7-3 所示。

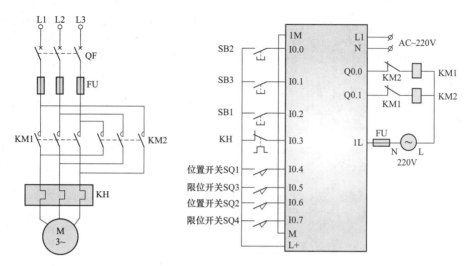

图 7-3　用 PLC 实现的工作台自动往返控制线路图

【识读要点】

（1）用 PLC 改造继电器电路时，主电路不变。用 PLC 只对控制电路进行改造，如图 7-3 所示。

（2）PLC 输入与输出接线时，需要先分配 PLC 输入与输出端子的功能，见表 7-1。

表7-1

输入与输出端子分配表

输入			输出		
代码	编号	功能	代码	编号	功能
SB2	I0.0	正转起动	KM1	Q0.0	正转接触器
SB3	I0.1	反转起动	KM2	Q0.1	反转接触器
SB1	I0.2	停止			
KH	I0.3	过载保护			
SQ1	I0.4	左限位			
SQ3	I0.5	左极限位			
SQ2	I0.6	右限位			
SQ4	I0.7	右极限位			

三、PLC梯形图与语句表

如图 7-4 所示是本电路的相关梯形图与语句表。

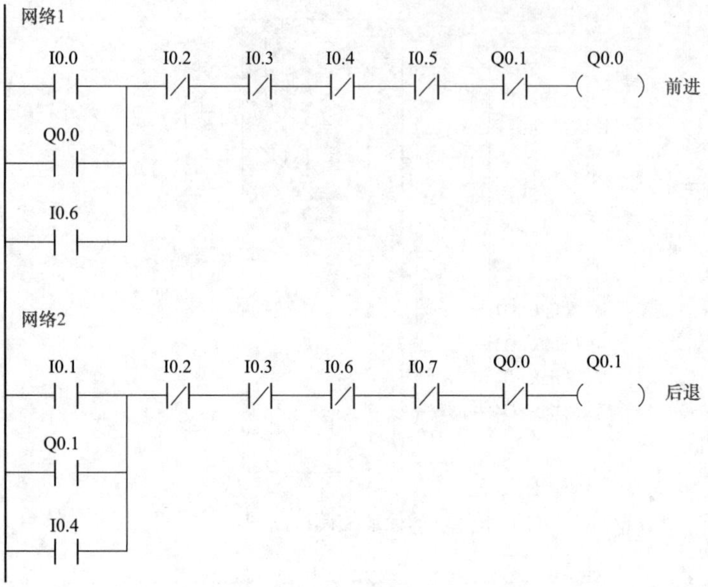

网络1	网络标题
LD	I0.0
O	Q0.0
O	I0.6
AN	I0.2
AN	I0.3
AN	I0.4
AN	I0.5
AN	Q0.1
=	Q0.0

网络2	网络标题
LD	I0.1
O	Q0.1
O	I0.4
AN	I0.2
AN	I0.3
AN	I0.6
AN	I0.7
AN	Q0.0
=	Q0.1

图 7-4   梯形图与语句表

【识读要点】

（1）网络 1 中，PLC 首次上电，I0.2、I0.3、I0.4、I0.5、Q0.1 动断触点均处于闭合状态，热继电器没有故障信号输出，I0.3 触点处于闭合状态，线圈 Q0.0 处于原始状态不通电。

（2）当 I0.0 或 I0.6 闭合时，线圈 Q0.0 得电，小车向左前进，当碰到左限位开关时，I0.4 动断触点断开先切断 Q0.0 的回路，线圈 Q0.0 失电小车停止，然后网络 2 中的 I0.4 闭合，小车自动向右运行。

（3）网络 2 中，PLC 首次上电，I0.2、I0.6、I0.7、Q0.0 动断触点均处于闭合状态，热继电器没有故障信号输出，I0.3 触点处于闭合状态，线圈 Q0.0 处于原始状态不通电。

（4）当 I0.1 或 I0.4 的动合触点闭合时，线圈 Q0.1 得电，小车向右后退，当碰到右限位开关时，I0.6 动断触点断开切断 Q0.1 回路，线圈 Q0.1 失电，小车停止，然后网络 1 中的 I0.6 闭合，小车自动向左运行。

（5）按下 SB2 时，I0.2 断开，小车停止。

第二节 识读单按钮控制电动机的起动与停止电路

控制电动机的起停一般都是用一个起动按钮和一个停止按钮，在实际生产中，有时则需要只用一个按钮来控制电动机的起停，如图7-5所示是用继电器控制的原理图。当第一次按下SB按钮时，电动机起动；当第二次按下该按钮时，电动机停止；第三次按下SB按钮时，电动机起动，如此循环。

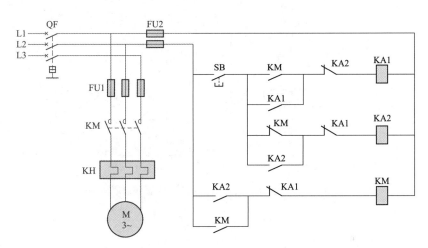

图 7-5 单按钮控制电动机的起停原理图

一、继电器控制电路分析

1. 电路组成

（1）电源电路。由三相电源线 L1、L2、L3、电源开关 QF、熔断器 FU1 等组成。

（2）主电路。由 FU1、KM、KH 及电动机 M 组成。KM 为电动机运行用接触器。

（3）控制电路。控制电路由 FU2、KH、SB 、KA1 线圈、KA2 线圈、KM 线圈等组成。

2. 工作原理分析

初始状态，KM、KA1、KA2 均释放，电动机不转。接通电源开关 QF。

第一次按下 SB 按钮━━➤ KA2 吸合━━➤ [KA2 动合] 自保，KM 吸合━━➤ 电机转━━➤ [KM 动合] 自保。SB 按钮放开━━➤ KA2 释放，KM 继续吸合，电机连续运转。

第二次按下 SB 按钮━━➤ KA1 吸合━━➤ [KA1 动合] 自保，[KA1 动断] 断开━━➤ KM 释放━━➤ 电机停止。放开 SB 按钮━━➤ KA1 释放，恢复初始状态。

第三次按下 SB 按钮时，循环上一次过程。

二、用PLC实现单按钮控制电路

其硬件接线图如图 7-6 所示。

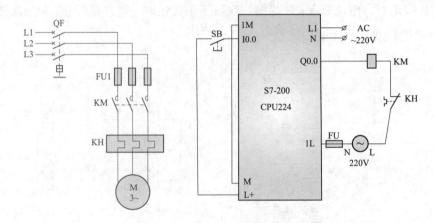

图 7-6　用 PLC 实现单按钮控制电路接线图

【识读要点】

I/O 地址通道端子功能分配见表 7-2。

表7-2

输入与输出端子分配表

输入			输出		
代码	编号	功能	代码	编号	功能
SB	I0.0	起动 / 停止	KM	Q0.0	运行接触器

三、单按钮控制PLC程序设计

下面识读用一个按钮实现控制电机起动与停止的几种梯形图。

1. 梯形图 1

用 SR 触发器编制梯形图，如图 7-7 所示。

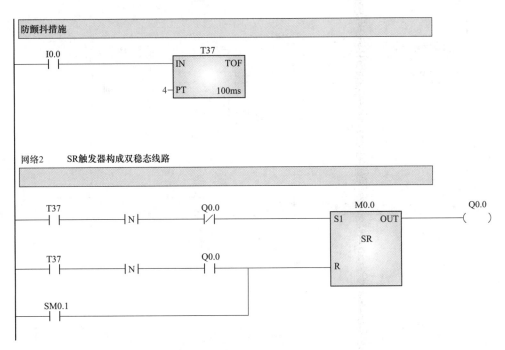

图 7-7　用 SR 触发器编制梯形图

【识读要点】

（1）网络 1，按钮接 I0.0 输入点，按下按钮，使 I0.0=1，断电延时定时器 T37 得电吸合，按钮释放，I0.0=0，T37 并不立即释放，要延时 0.4s，才释放断开，用此 T37 的目的，防止按钮在按下的瞬间产生抖动而出现连续通电的现象，即确保按钮动作的可靠无误。此条可以不用，如不用时，将下一条中的 T37 改为 I0.0 即可。

（2）网络 2，是用 SR 触发器指令配合其他指令构成双稳态电路，其编程要点是，用 SR 输出的 Q0.0 位信号的动合与动断点串接在 R、S 触发输入口中，这样处理可确保双稳态电路的动作可靠性。加"SM0.1"并接在 R 输入端上的目的是确保开机时，Q0.0=0，即确保输出口为断开状态。

2. 梯形图 2

用基本指令编制梯形图，如图 7-8 所示。

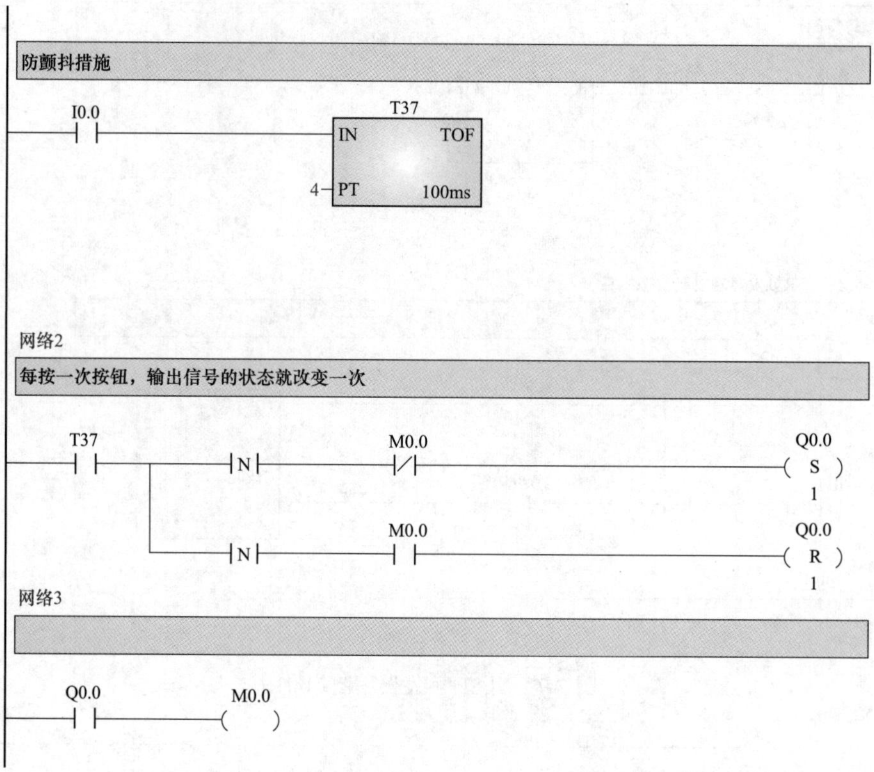

防颤抖措施

网络2
每按一次按钮，输出信号的状态就改变一次

网络3

图 7-8　基本指令编制 PLC 梯形图

【识读要点】

（1）网络 1 的工作原理同上述。

（2）网络 2，T37(或 I0.0) 的后沿到来，如果 M0.0=0，就使 Q0.0=1（输出接通），否则（即 M0.0=1）Q0.0=0（即输出断开）。

（3）网络 3，当 Q0.0 动合触点闭合时，M0.0 线圈得电，其动断触点断开、动合触点闭合为下一步按下按钮使 Q0.0 复位做准备，从而确保第二次按下按钮动作的可靠性。

3. 梯形图 3

用加 1 指令编制梯形图，如图 7-9 所示。

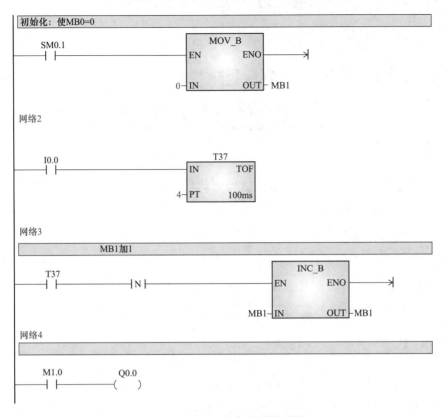

图 7-9　用加 1 指令编制梯形图

【识读要点】

编程思路是利用二进制加法计数器的个位数在进行加 1 运算时，总是按 0、1 变化的特点编写的。

（1）网络 1，是初始化程序，即将 MB1 清零，确保开机后 Q0.0 的输出状态为断开。

（2）网络 2，是防抖动电路。

（3）网络 3，是 T37 的后沿使 MB1 内容加 1。

（4）网络 4，是用 M1.0 控制 Q0.0。

分析一下动作：开机使 MB1=0，即 M0.0=0，也使 Q0.0=0 输出为断开状态。按一下 I0.0，使 MB1 加 1，其 MB1=1，即 M1.0=1，使 Q0.0=1，输出为导通状态。再按 I0.0，使 MB1 又加 1，其 MB1=2，但 M1.0=0，使 Q0.0=0，输出为断开状态，如此循环。

第三节　识读三相异步电动机的星-三角降压起动控制电路

降压起动是指利用起动设备将电压适当降低后，加到电动机的定子绕组上进行起动，待电动机起动运转后，再使其电压恢复到额定电压正常运转。由于电流随电压的降低而减小，所以降压起动达到了减小起动电流的目的。但是，由于电动机的转矩与电压的平方成正比，所以降压起动也将导致电动机的起动转矩大大降低。因此，降压起动需要在空载或轻载下进行。常见降压起动方法有：定子串电阻降压起动、Y-Δ 降压起动、延边三角起动、软起动、自耦变压器降压起动等。下面重点学习 Y-Δ 降压起动。

一、继电器控制的Y-Δ降压起动

Y-Δ 降压起动是指电动机在起动时，把电动机的定子绕组接成 Y，使电动机定子绕组电压低于电源电压起动，起动即将完毕时再恢复成 Δ，电动机便在额定电压下正常运行。凡是在正常运行时定子绕组做 Δ 连接的异步电动机，均可采用 Y-Δ 降压起动方法。电动机起动时接成 Y，加在每相定子绕组上的起动电压只有 Δ 接法的 $1/\sqrt{3}$，起动电流为 Δ 接法的 1/3，起动转矩也只有 Δ 接法的 1/3。所以这种降压起动方法只适用于轻载或空载下起动。如图 7-10 所示为时间继电器自动控制 Y-Δ 降压起动控制线路。

1. 电路组成

（1）电源电路。由三相电源线 L1、L2、L3、电源开关 QF、熔断器 FU1 等组成。

（2）主电路。由 FU1、KM1、KM2、KM3、KH 及电动机 M 组成。其中接触器 KM1 作引入电源用；接触器 KM2 和 KM3 分别作 Y 降压起动用和 Δ 运行用。

（3）控制电路。控制电路由 FU2、KH、SB、KT 线圈、KM 线圈等组成。时间继电器 KT 用作控制 Y 降压起动时间和完成 Y-Δ 自动切换。SB1 是起动按钮；SB2 是停止按钮；FU1 作主电路的短路保护；FU2 作控制电路的短路保护；KH 作过载保护。

2. 工作原理分析

合上电源开关 QF，接通电源。

通过触点 KM1（3～4）自锁

按下 SB3 → 线圈 KM1 得电 → KM1 主触点闭合，为 M 的起动做准备

→ 线圈 KM3 得电 → KM3 主触点闭合 → M 作星形降压起动

→ 线圈 KT 得电 → KT（5～6）延时断开 → 线圈 KM3 失电

KM3（4～7）恢复

→ KT（7～8）延时闭合 → 线圈 KM2 得电、主触点闭合 → M 作三角形运行

→ KM2（4～5）断开使 KM3 不能吸合，KM2（7～8）闭合自锁

停车过程：按 SB1 → KM1、KM2 失电释放，M 停转。

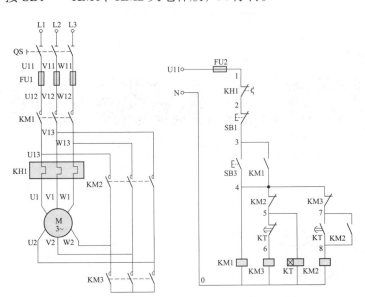

图 7-10 星形 - 三角形起动控制电气原理图

二、用PLC控制电动机的Y-Δ降压起动

其硬件接线图如图 7-11 所示。

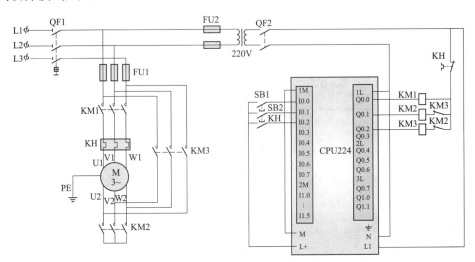

图 7-11 PLC 控制电动机的 Y-Δ 降压起动线路图

【识读要点】

（1）主电路硬件接线方式同继电器控制的主电路不变。

（2）PLC控制电路接线，应具备完善的保护功能，PLC外部硬件也具备互锁电路。

（3）PLC继电器输出所驱动的负载额定电压一般不超过220V，PLC电源采用降压变压器，把380V变成220V。

（4）I/O地址通道端子功能分配，根据控制要求，首先确定I/O的个数，进行I/O的分配。本案例需要3个输入点，3个输出点，见表7-3。

表7-3

PLC的I/O配置

输入设备		输入继电器	输出设备		输出继电器
代号	功能		代号	功能	
SB1	起动按钮	I0.0	KM1	主接触器	Q0.0
SB2	停止按钮	I0.1	KM2	Y接触器	Q0.1
KH	过载保护	I0.2	KM3	△接触器	Q0.2

三、Y-△降压起动的PLC程序设计

Y-△降压起动的PLC程序设计如图7-12所示。

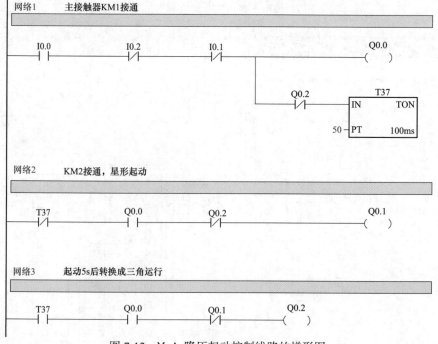

图7-12　Y-△降压起动控制线路的梯形图

【识读要点】

编程思路是主接触器 KM1 先接通电源后,星形接触器 KM2 再接通。延时一段时间转换成三角运行。

(1)网络 1,I0.0 起动接通后,Q0.0 线圈接通,T37 定时器开始延时计时。

(2)网络 2,Q0.0 接通后,Q0.1 接通,电动机星形开始起动。

(3)网络 3,定时器 T37 延时到 Q0.1 线圈失电,Q0.2 线圈接通,电动机转换成三角形运行。

第四节　识读双速电动机控制电路

一、继电器控制的双速电动机控制电路

1. 双速电动机介绍

双速电动机三相定子绕组 Δ/YY 接线图如图 7-13 所示。图中,三相定子绕组接成 Δ形,由三个连接点接出三个出线端 U1、V1、W1,从每项绕组的中点各接出一个出线端 U2、V2、W2,这样定子绕组共有 6 个出线端。通过改变这 6 个出线端与电源的连接方式,就可以得到两种不同的转速。

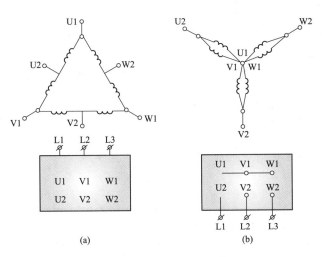

图 7-13　双速电动机三相定子绕组 Δ/YY 接线图

(a)低速—Δ 接法(4 极);(b)高速—YY 接法(2 极)

如图 7-13(a)所示为低速时的连接:三相电源分别接至定子绕组作 Δ 形连接顶点的出线端 U1、V1、W1,另外三个出线端 U2、V2、W2 空着不接,此时电动机定子绕组接成 Δ 形,磁极为 4 极,同步转速为 1500r/min。

如图 7-13（b）所示为高速时的连接：把三个出线端 U1、V1、W1 并接在一起，另外三个出线端 U2、V2、W2 分别接到三相电源上，这时电动机定子绕组接成 YY 形，磁极为 2 极，同步转速为 3000r/min。

> **【注意事项】**
> 　　双速电动机高速运转时的转速是低速运转转速的两倍。双速电动机定子绕组从一种接法改变为另一种接法时，必须把电源相序反接，以保证电动机的旋转方向不变。

2. 工作原理分析

按钮和时间继电器控制双速电动机的线路如图 7-14 所示。

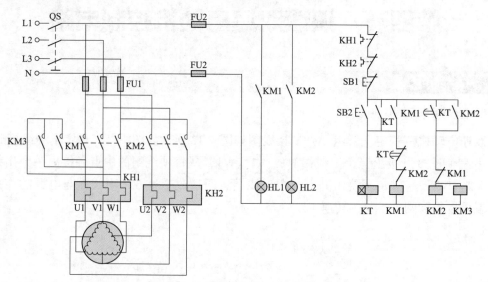

图 7-14　按钮和时间继电器控制双速电动机控制线路

按钮和时间继电器控制双速电动机的工作原理如下：

（1）合上 QS。

（2）三角形连接低速运行。

（3）YY 形连接高速运转。

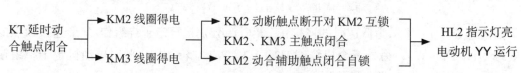

（4）停止时，按下 SB1 即可。

二、用PLC实现双速电动机的控制

其硬件接线图如图 7-15 所示。

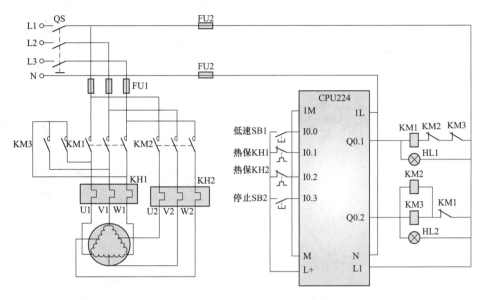

图 7-15　PLC 控制双速电动机线路图

【识读要点】

（1）主电路硬件接线方式同继电器控制的主电路不变。

（2）PLC 控制电路接线，应具备完善的保护功能，PLC 外部硬件也具备互锁电路。

（3）I/O 地址通道端子功能分配。根据控制要求，首先确定 I/O 的个数，进行 I/O 的分配。本案例需要 4 个输入点，2 个输出点，见表 7-4。

表7-4

PLC的I/O配置

输入设备		输入继电器	输出设备		输出继电器
代号	功能		代号	功能	
SB1	低速起动按钮	I0.0	KM1	低速运行接触器	Q0.1
SB2	停止按钮	I0.3	KM2、KM3	高速运行接触器	Q0.2
KH1	过载保护 1	I0.1			
KH2	过载保护 2	I0.2			

三、PLC控制双速电动机的程序设计

PLC 控制双速电动机的程序设计如图 7-16 所示。

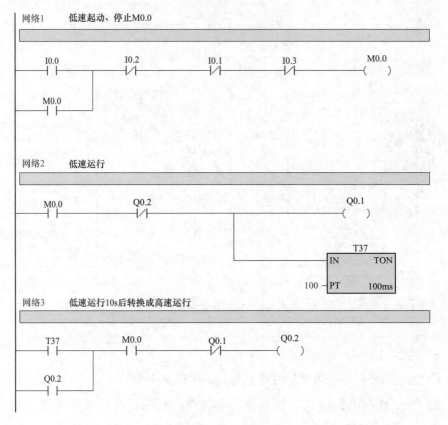

图 7-16　PLC 梯形图

【识读要点】

（1）网络 1，I0.0 接通后，接通内部继电器 M0.0，当停止按钮、热继电器动作时，将切断 M0.0。M0.0 失电后电动机也就停止运动。

（2）网络 2，M0.0 闭合后，Q0.0 接通电动机低速运转。至此 T37 定时器开始延时计时。

（3）网络 3，定时器 T37 延时时间到，Q0.1 线圈失电，Q0.2 线圈接通，电动机转换成高速运行。

第五节　识读单向起动能耗制动控制电路

一、继电器控制单向起动能耗制动电路

1. 能耗制动

电动机切断交流电源后，立即在定子绕组的任意两相中通入直流电，利用转子感应电流受静止磁场的作用以达到制动目的，称为能耗制动。其制动原理如图7-17所示。

如图7-17所示，先断开电源开关QS1，切失电动机的交流电源，这时转子仍沿原方向惯性运转；然后立即合上开关QS2，并将QS1闭合，这时电动机V、W两相定子绕组通入直流电，使定子中产生一个恒定的静止磁场，这样做惯性运转的转子因切割磁感线而在转子绕组中产生感生电流，其方向可用右手定则判断。转子绕组中一旦产生感生电流，又立即受到静止磁场的作用，产生电磁转矩，用左手定则判断，可知此转矩的方向正好与电动机的转向相反，使电动机受制动迅速停转。由于这种制动方法是通过定子绕组中通入直流电，以消耗转子惯性运转的动能来进行制动的，所以称为能耗制动。

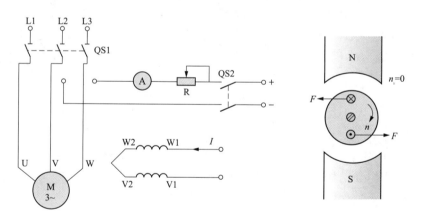

图7-17　能耗制动原理图

2. 工作原理分析

如图7-18所示为无变压器单相半波整流单向起动能耗制动控制线路。其能耗制动控制过程线路如图7-19所示。

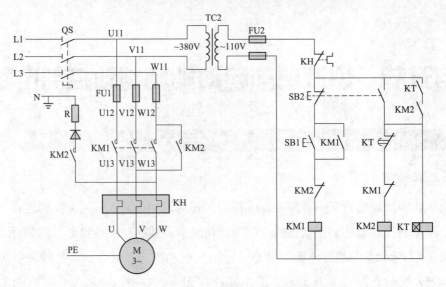

图 7-18　无变压器单相半波整流单向起动能耗制动控制线路图

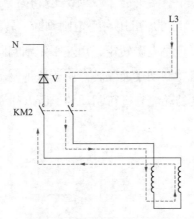

图 7-19　能耗制动控制线路

（1）单向起动运转：先合上电源开关 QS。

按下 SB1 ──→ KM1 线圈得电
- → KM1 自锁触点闭合自锁电动机 M 起动运转
- → KM1 主触点闭合
- → KM1 连锁触点分断对 KM2 连锁

（2）能耗制动停转：

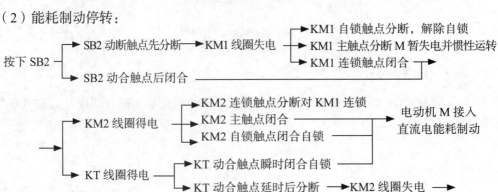

按下 SB2
- → SB2 动断触点先分断 ──→ KM1 线圈失电
  - → KM1 自锁触点分断，解除自锁
  - → KM1 主触点分断 M 暂失电并惯性运转
  - → KM1 连锁触点闭合
- → SB2 动合触点后闭合

- → KM2 线圈得电
  - → KM2 连锁触点分断对 KM1 连锁
  - → KM2 主触点闭合
  - → KM2 自锁触点闭合自锁
- → KT 线圈得电
  - → KT 动合触点瞬时闭合自锁
  - → KT 动合触点延时后分断 ──→ KM2 线圈失电 ──→

电动机 M 接入
直流电能耗制动

```
┌──► KM2 自锁触点分断 ──► KT 线圈失电 ──► KT 触点瞬时复位
├──► KM2 主触点分断 ──────► 电动机 M 切断直流电源并停转，能耗制动结束
└──► KM2 连锁触点恢复闭合
```

二、用PLC控制单向起动能耗制动控制线路

其硬件接线如图 7-20 所示。

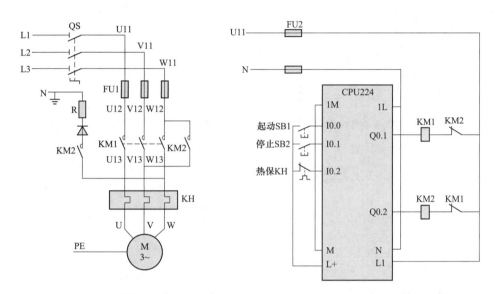

图 7-20　PLC 控制单向起动能耗制动控制线路图

【识读要点】

（1）主电路硬件接线方式同继电器控制的主电路不变。

（2）PLC 控制电路接线，应具备完善的保护功能，PLC 外部硬件也具备互锁电路。

（3）I/O 地址通道端子功能分配。根据控制要求，首先确定 I/O 的个数，进行 I/O 的分配。本例需要 3 个输入点，2 个输出点，见表 7-5。

表7-5

PLC的I/O配置

输入设备		输入继电器	输出设备		输出继电器
代号	功能		代号	功能	
SB1	起动按钮	I0.0	KM1	运行接触器	Q0.1
SB2	停止按钮	I0.3	KM2	制动接触器	Q0.2
KH	过载保护	I0.1			

三、PLC控制电动机能耗制动的程序设计

PLC 控制电动机能耗制动的程序设计如图 7-21 所示。

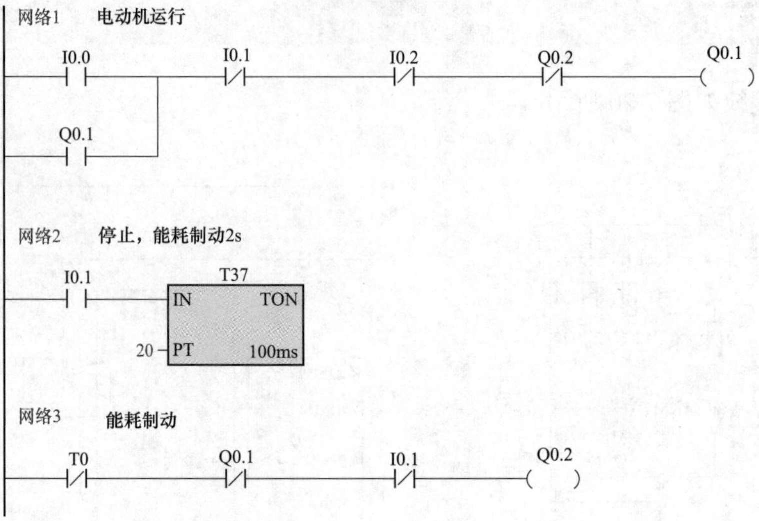

图 7-21　电动机能耗制动的 PLC 控制梯形图

【识读要点】

（1）网络 1 中，按下起动按钮 I0.0，Q0.1 接通，电动机运行。

（2）网络 2 中，按下停止按钮 I0.1，定时器 T37 延时 2s 作为能耗制动的时间。

（3）网络 3 中，当 I0.1 接通时，Q0.2 接通，进行能耗制动 2s 后，Q0.2 自动失电，能耗制动结束。

第八章

掌握生产设备的
PLC控制

第一节 CA6140 普通车床的 PLC 控制

车床是一种应用极为广泛的金属切削机床,能够车削外圆、内圆、端面、螺纹、切断及割槽等,并可以装上钻头或铰刀进行钻孔和铰孔等加工。如图 8-1 所示是机械加工中应用较为广泛的 CA6140 型卧式车床,它主要由床身、主轴箱、进给箱、溜板箱、刀架、卡盘、尾架、丝杠和光杠等部分组成。

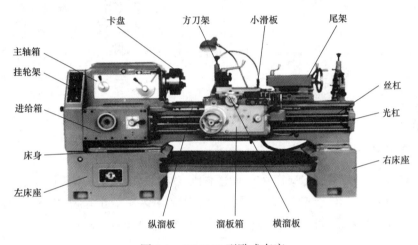

图 8-1　CA6140 型卧式车床

一、CA6140车床的控制要求

CA6140 车床共有 3 台电动机,分别如下。

主轴电动机 M1:带动主轴旋转和刀架做进给运动,由交流接触器 KM1 控制,热继电器 FR1 作过载保护,FU1 及断路器 QF 作短路保护。

冷却泵电动机 M2:输送切削液,由交流接触器 KM2 控制,热继电器 FR2 作过载保护,FU2 作短路保护。

刀架快速移动电动机 M3:拖动刀架的快速移动,由交流接触器 KM3 控制,由于刀架移动是短时工作,用点动控制,未设过载保护,FU2 兼作短路保护。

CA6140 车床辅助控制有:刻度照明灯、照明灯。

二、识读CA6140车床的继电器控制电路

如图 8-2 所示是 CA6140 型卧式车床的电气原理图。

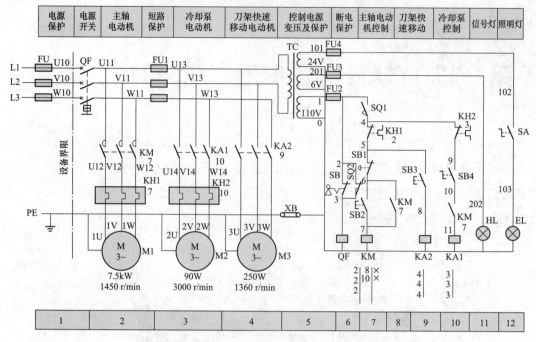

图 8-2　CA6140 型卧式车床的电气原理图

1. 主电路分析

主电路共有三台电动机，M1 为主轴电动机，M2 为冷却泵电动机，M3 为快速溜板（刀架快移）电动机，M1、M2 电动机是连续工作的，装有热继电器过载保护，M3 电动机是点动工作的，不需要装接热继电器，电源采用 QF 作电源控制开关。

2. 控制电路分析

控制电路通过控制变压器 TC 输出的 110V 交流电压供电，由熔断器 FU2 作短路保护。在正常工作时，车床前端皮带罩行程开关 SQ1 的动合触点闭合，当打开车床前端皮带罩后，SQ1 的动合触点断开，切断控制电路电源，以确保人身安全。钥匙开关 SB 和配电箱开关 SQ2 在车床正常工作时是断开的，QF 的线圈不通电，断路器 QF 能闭合。当打开配电箱门时，SQ2 闭合，QF 线圈得电，断路器 QF 自动断开，切断车床的电源。6.3V 为指示灯电源，24V 为照明灯电源。

（1）主轴控制。当电源开关 QF 闭合后，按下 SB2 起动按钮，电源经 FU1 → FU2 → KM 线圈得电吸合 → 主轴电动机运转，按下 SB1 停止按钮，切断 KM 辅助自锁触点电源，KM 线圈释放，电动机停止运行。

（2）刀架快移控制。刀架快移有前、后、左、右四个方向，进给是由进给操作十字手柄配合机械装置实现，在手柄顶端装有 SB3 点动按钮，按下 SB3 按钮 KA2 吸合，并扳动进给十字手柄就可以使 M3 电动机按照需要方向运转。

（3）冷却泵控制。当 KM1 吸合后，KM1 辅助动合触点闭合，为 M2 起动做准备。转动 SB4 开关 KA1 吸合 → M2 电动机运转。

三、用PLC改造CA6140车床

【提示】

用 PLC 改造机床时，机床电气原理图中的主电路不用变，只对控制电路进行 PLC 改造。因此，本章机床的 PLC 改造重点放在控制线路上。

1. PLC 控制系统的主电路接线图

如图 8-3 所示是 CA6140 车床 PLC 改造的主电路图。

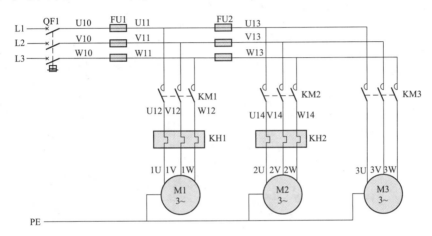

图 8-3　CA6140 车床 PLC 控制系统的主电路图

2. PLC 控制系统的 I/O 接线图

（1）分配 PLC 的 I/O 地址通道。根据控制要求，首先确定 I/O 的个数，进行 I/O 的分配。本实例需要 10 个输入点，6 个输出点，见表 8-1。

表8-1

PLC的I/O配置

输入设备			输出设备		
代号	功能	输入继电器	代号	功能	输出继电器
SB	钥匙开关	I0.0	QF	QF 的线圈	Q0.0
SB1	主轴停止按钮	I0.1	KM1	主轴电动机控制 M1	Q0.1
SB2	主轴起动按钮	I0.2	KM2	冷却泵控制 M2	Q0.2
SB3	刀架快速起动	I0.4	KM3	刀架刀架控制 M3	Q0.3
SA1	冷却泵开关	I0.3	HL	刻度照明	Q0.4
SA2	照明灯开关	I0.5	EL	工作照明	Q0.5
SQ1	皮带罩防护开关	I0.6			
SQ2	电气箱防护开关	I0.7			
FR1	M1 过载保护	I1.0			
FR2	M2 过载保护	I1.1			

（2）PLC 控制系统的 I/O 接线。根据控制要求分析，设计并绘制 PLC 控制系统的 I/O 接线原理图，如图 8-4 所示。

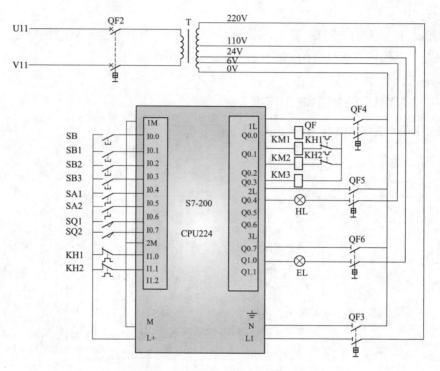

图 8-4　PLC 改造后的 I/O 接线图

3. PLC 梯形图

如图 8-5 所示是 CA6140 车床的梯形图。

4. 电路工作过程

（1）钥匙开关和电气箱门控制。机床在正常情况下，钥匙开关和电气箱门都闭合，网络 1 中的 I0.0 和 I0.7 动合触点都断开，Q0.0 不得电。如果钥匙开关或电气箱门处于非正常状态，则 I0.0 或 I0.7 闭合，Q0.0 得电，断路器的电磁脱口线圈得电，断路器自动跳闸，电源开关不能闭合。

（2）主轴控制。

1）主轴起动运行。参考网络 2 中，按下主轴起动按钮 SB2 ──▶输入继电器 I0.2 得电──▶动合触点 I0.2 闭合──▶输出继电器 Q0.1 得电──▶KM1 得电吸合──▶主轴电动机起动并运行。
　　　　　　　　　　　　　　　　　　　　　　　　──▶动合触点 Q0.1 闭合自锁──▶

2）主轴停止。网络 2 中，按下主轴停止按钮 SB1 ──▶输入继电器 I0.1 得电──▶动断触点 I0.1 断开──▶输出继电器 Q0.1 失电──▶KM1 失电──▶主轴电动机停止。

3）主轴电动机过载保护。当主轴电动机出现过载时，热继电器 FR1 动作──▶输入继电器 I1.0 得电 → 动断触点 I1.0 断开 → 输出继电器 Q0.1 失电 → KM1 失电 → 主轴电动机停止。

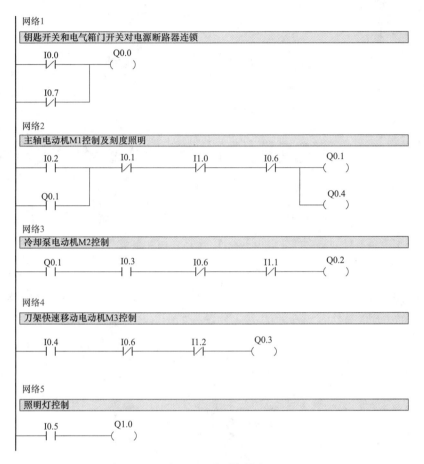

图 8-5　PLC 梯形图

（3）冷却泵控制。主轴电动机 M1 和冷却泵电动机 M2 在控制电路中实现顺序控制，只有当主轴电动机 M1 起动后，冷却泵才能起动。

1）冷却泵起动。网络 3 中，当主轴电动机起动后，Q0.1 动合触点闭合 → 再接通冷却泵开关 SA1 → 输入继电器 I0.3 得电 → 输出继电器 Q0.2 得电 → KM2 得电 → 冷却泵起动运转。

2）冷却泵停止。当冷却泵开关 SA1 断开 → 输入继电器 I0.3 失电 → 输出继电器 Q0.2 失电 → KM2 失电 → 冷却泵停止运转。

3）当冷却泵电机出现过载时，热继电器 FR2 动作 → 输入继电器 I1.1 的动断触点失电 → 输出继电器 Q0.2 失电 → KM2 失电 → 冷却泵停止运转。

（4）刀架快速移动。

CA6140 车床的刀架快速移动是一个点动控制。

网络4中，按下刀架快速移动按钮SB3 → 输入继电器I0.4得电 → 动断触点I0.4闭合 → 输出继电器Q0.3得电 → KM3得电 → 快速移动电动机运行。当松开按钮时电动机停止，实现了快速点动控制。

（5）照明灯控制。

网络5中，接通SA2开关，输入继电器I0.5得电 → 动断触点I0.5闭合 → 输出继电器Q1.0得电照明灯亮。断开SA2开关，照明灯灭。

第二节　X62W万能铣床的PLC控制

万能铣床是一种通用的多用途机床，它可以用圆柱铣刀、圆片铣刀、角度铣刀、成型铣刀及端面铣刀等刀具对各种零件进行平面、斜面、螺旋面及成型表面的加工，还可以加装万能铣头、分度头和圆工作台等机床附件来扩大加工范围。

常用的万能铣床有两种，一种是X62W型卧式万能铣床，铣头水平方向放置；另一种是X52K型立式万能铣床，铣头垂直方向放置。如图8-6所示是X62W万能铣床的外形及结构。主要由底座、床身、悬梁、主轴、刀杆支架、工作台、回转盘、横溜板和升降台等部分组成。

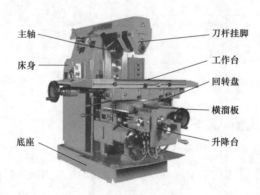

图8-6　X62W万能铣床

一、X62W万能铣床的控制要求

1. 主运动

X62W万能铣床的主运动是主轴带动铣刀的旋转运动。

铣削加工有顺铣和逆铣两种加工方式，所以要求主轴电动机能正反转，但考虑到大多数情况下一批或多批工件只用一个方向铣削，在加工过程中不需要变换主轴旋转的方向，因此用组合开关来控制主轴电动机的正反转。

铣削加工是一种不连续的切削加工方式，为减小振动，主轴上装有惯性轮，但这样造成主轴停车困难，为此主轴电动机采用电磁离合器制动以实现准确停车。

2. 进给运动

进给运动是指工件随工作台在前后、左右和上下六个方向上的运动以及随圆形工作台的旋转运动。

铣床的工作台要求有前后、左右和上下六个方向上的进给运动和快速移动，所以要求进给电动机能正反转。为扩大加工能力，在工作台上可加装圆形工作台，圆形工作台的回转运动是由进给电动机经传动机构驱动的。

为保证机床和刀具的安全，在铣削加工时，任何时刻工件都只能有一个方向的进给运动，因此采用了机械操作手柄和行程开关相配合的方式实现六个运动方向的连锁。

为防止刀具和机床的损坏，要求只有主轴旋转后才允许有进给运动和进给方向的快速移动；同时为了减小加工件的表面粗糙度，要求进给停止后主轴才能停止或同时停止。

3. 辅助运动

辅助运动包括工作台的快速运动及主轴和进给的变速冲动。

工作台的快速运动是指工作台在前后、左右和上下六个方向之一上的快速移动。它是通过快速移动电磁离合器的吸合，改变机械传动链的传动比实现的。

为保证变速后齿轮能良好啮合，主轴和进给变速后，都要求电动机做瞬时点动，即变速冲动。

二、识读X62W万能铣床控制电路

该线路分为主电路，控制电路和照明电路三部分，如图 8-7 所示为 X62W 万能铣床控制线路图。

1. 主电路介绍

主电路共有 3 台电动机，M1 是主轴电动机，M2 是进给电动机，M3 是冷却泵电动机，它们分别承担铣削加工、工作台的 6 个方向进给和加工时冷却液的提供任务。有短路过载保护。

2. 控制电路分析

控制电路电源由变压器 TC 输出 110V 电压供电；变压器 T2 输出 36V 电压为电磁离合器 YC1、YC2、YC3 供电。

（1）轴电动机起动。按下 SB1 或 SB2 多地控制按钮，控制电源经 FU6 →
SB6-1 → SB5-1 → SQ1-2 → SB1 → SB2 → KM1 线圈使电路吸合 → M1 得电运行。

（2）换刀。SA1-2 断开切断控制电源，同时 SA1-1 接通 → YC1 得电制动 → 锁紧刀头 → 换刀。

（3）主轴冲动。主轴冲动是依靠冲动行程开关 SQ1-2 切断 KM1 自锁控制回路 →
SQ1-1 瞬间闭合，直接迅速为 KM1 线圈提供点动电源，目的是瞬间使 M1 电动机冲动啮合。

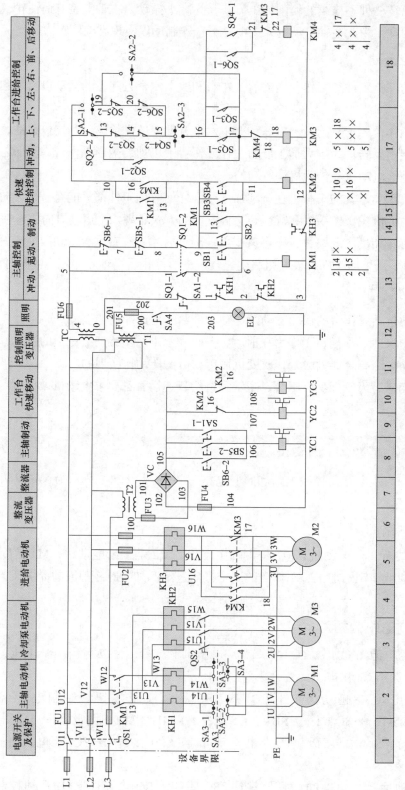

图 8-7 X62W 万能铣床的电路图

（4）进给冲动。为了变速时齿轮进入良好的啮合状态。电源通过 KM1 辅助动合触点 ➡ SQ2-1 ➡ KM4 连锁辅助动合触点 ➡ KM3 线圈吸合瞬间冲动。

（5）圆工作台的控制。电源经 KM1 辅助动合触点 ➡ KM3 线圈吸合，这时 SA2-1 和 SA2-3 处在断开位置，SA2-2 处在接通位置。

（6）下、前、上、后进给控制。电源经 KM1 辅助动合触点 ➡ 下前 SQ3-1 ➡ KM3 线圈吸合。

上后 SQ4-1 ➡ KM4 线圈吸合。

（7）进给控制。电源经 SQ2-2 ➡ SQ5-1 ➡ 左 ➡ KM3 线圈吸合。

SQ6-1 ➡ 右 ➡ KM4 线圈吸合。

（8）快速进给控制。按下多地点动控制按钮 SB3 或 SB4 ➡ KM2 线圈得电吸合 ➡ 36V 电压

桥整后经 ➡ KM2 动断触点断开，YC2 常速断开。

KM2 动断触点闭合，YC3 快移吸合。

（9）照明电路 24V 供电，仅供局部照明。

三、用PLC改造X62W万能铣床

1. PLC 控制系统的主电路接线图

如图 8-8 所示是 X62W 铣床 PLC 改造的主电路图。

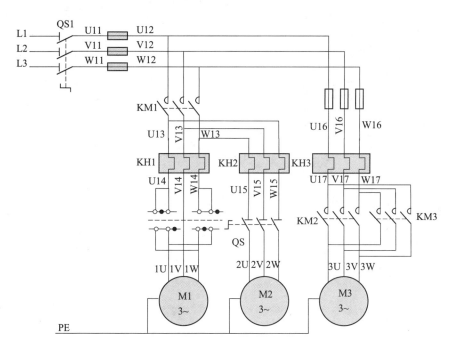

图 8-8　PLC 控制系统的主电路图

2. PLC 控制系统的 I/O 接线

（1）分配 PLC 的 I/O 地址通道。根据控制要求，首先确定 I/O 的个数，进行 I/O 的分配。本实例需要 15 个输入点，7 个输出点，见表 8-2。

表8-2

PLC的I/O配置

输入设备			输出设备		
代号	功能	输入继电器	代号	功能	输出继电器
SB1、SB2	主轴电机 M1 起动	I0.0	KM1	控制主轴 M1 起停	Q0.0
SB3、SB4	快速进给点动	I0.1	KM2	控制进给 M3 正转	Q0.1
SB5、SB6	主轴电机 M1 停止、制动	I0.2	KM3	控制进给 M3 反转	Q0.2
SA1	换刀开关	I0.3	YC1	主轴 M1 制动控制	Q0.4
SA2	圆形工作台开关	I0.4	YC2	M3 正常进给	Q0.5
SQ1	主轴冲动开关	I0.5	YC3	M3 快速进给	Q0.6
SQ2	进给冲动开关	I0.6	EL	工作照明灯	Q1.0
SQ3	M3 正转开关 1	I0.7			
SQ4	M3 反转开关 1	I1.0			
SQ5	M3 正转开关 2	I1.1			
SQ6	M3 反转开关 2	I1.2			
FR1	M1 过载保护	I1.3			
FR2	M2 过载保护	I1.4			
FR3	M3 过载保护	I1.5			
SA3	工作照明灯开关	I1.6			

（2）PLC 控制系统的 I/O 接线图。根据控制要求分析，设计并绘制 PLC 系统的 I/O 接线图，如图 8-9 所示。

3. PLC 梯形图

X62W 铣床的 PLC 梯形图程序，如图 8-10 所示。

4. 电路工作过程

（1）主轴电动机的控制。

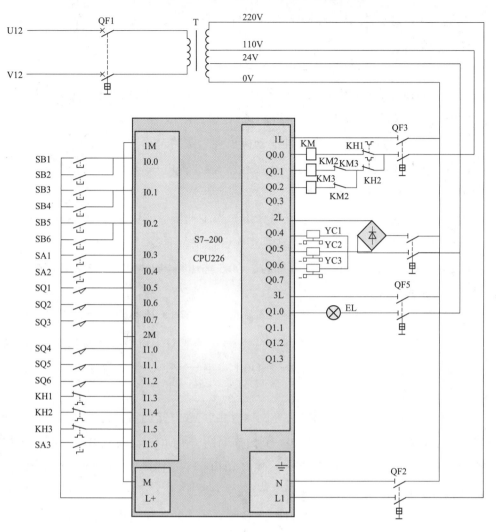

图 8-9 PLC 控制系统的 I/O 接线图

1）主轴电动机起动运行。在网络 1 中，当接通按钮 SB1 或 SB2 时，输入继电器 I0.0 得电——动合触点 I0.0 闭合——输出继电器 Q0.0 得电——接触器 KM1 得电——电动机 M1 起动运行。

2）主轴电动机停止。在网络 1 中，当接通按钮 SB5 或 SB6 时，输入继电器 I0.2 得电——动断触点 I0.2 断开——输出继电器 Q0.0 断开——接触器 KM1 失电——电动机 M1 停止。

3）主轴冲动控制。主轴冲动控制实质是一个点动控制。在网络 1 中，瞬间接通冲动开关 SQ1——输入继电器 I0.5 得电——动合触点 I0.5 闭合——输出继电器 Q0.0 得电——接触器 KM1 得电——电动机 M1 点动。

4）主轴制动与换刀控制。在网络2中，当接通停止按钮SB5或SB6

→ 主轴电动机停止。

　→ 输出继电器Q0.4得电 → 电磁铁YC1得电，主轴制动。

在网络2中，当换刀制动开关SA1接通 → 输入继电器I0.3得电 → 输出继电器Q0.4得电 → 电磁铁YC1得电主轴制动 → 此时可以进行换刀。

5）主轴电动机过载保护。当主轴电动机出现过载时，热继电器FR1动作 → 动断触点I1.3断开 → 输出继电器Q0.0断开 → 接触器KM1失电 → 电动机M1停止。

（2）工作台的正常进给控制。

1）工作台进给控制的准备。在网络3中，当主轴接通或快速移动按钮接通后，控制M0.0辅助继电器得电，为工作台进给或圆工作台控制做准备。

在网络4中，当接通线路控制电源时，Q0.5输出得电 → YC2进给电磁铁吸合，为工作台正常进给做好准备。

2）工作台的正向进给控制。当网络3和网络4中的工作台进给控制准备完毕后，接通网络7中的SQ3或SQ5开关 → 输入继电器I0.7或I1.1得电 → M0.2辅助继电器得电 → 网络10中动合触点M0.2闭合 → Q0.1得电 → KM2继电器吸合 → 进给电动机M3正向进给运转。

3）工作台的正向冲动进给控制。在网络8中，M0.0接通后，再瞬间接通进给冲动开关SQ2 → 输入继电器I0.6接通得电一个扫描周期 → M0.3辅助继电器得电一个扫描周期 → 网络10中动合触点M0.3闭合 → Q0.1得电一个扫描周期 → KM2继电器吸合 → 进给电动机M3正向冲动一次。

4）工作台的反向进给控制。当网络3和网络4中的工作台进给控制准备完毕后，接通网络9中的SQ4或SQ6开关 → 输入继电器I1.0或I1.2得电 → Q0.2得电 → KM3继电器吸合 → 进给电动机M3反向进给运转。

（3）圆工作台控制。当网络3中，M0.0得电后 → 接通网络6中的SA2开关 → 输入继电器I0.4得电

　→ M0.1得电 → 网络10中动合触点M0.1闭合 → Q0.1得电 → KM2继电器吸合
　→ 进给电动机M3正向运转。
　→ 同时I0.4动断触点断开 → 切断M0.2、M0.3和Q0.2输出继电器，保证圆工作台工作时，不能进给和反转。

（4）照明灯控制。在网络11中，接通SA4照明灯开关 → 输入继电器I1.6得电 → 输出继电器Q1.0得电照明灯亮。当SA4照明灯开关断开，照明灯灭。

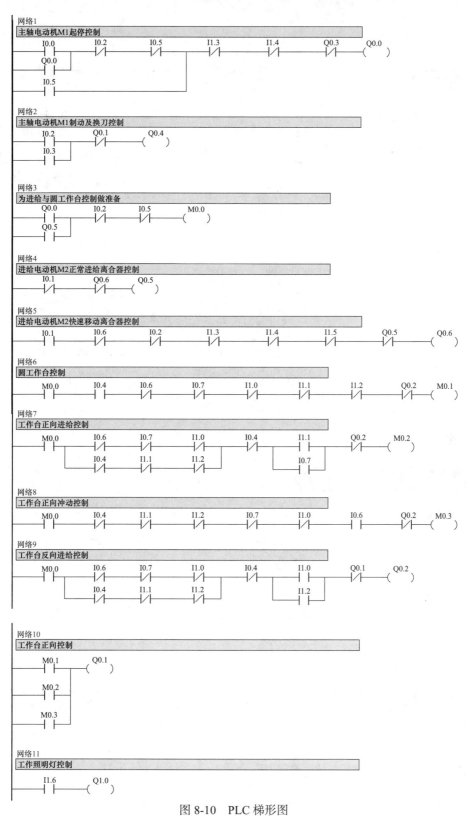

图 8-10 PLC 梯形图

第三节　Z3040 摇臂钻床的 PLC 控制

　　摇臂钻床利用旋转的钻头对工件进行加工，由底座、立柱、摇臂、主轴箱和工作台等组成如图 8-11 所示。主轴箱固定在摇臂上，可以沿摇臂径向运动。摇臂借助于丝杠做升降运动也可以与外立柱固定在一起，沿内立柱旋转。钻削加工时，通过夹紧机构将主轴箱紧固在摇臂上，摇臂紧固在立柱上。

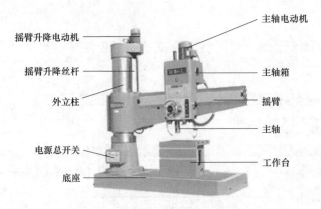

图 8-11　Z3040 摇臂钻床外形

一、Z3040摇臂钻床的控制要求

　　（1）Z3040 摇臂钻床相对运动部件较多，为简化传动装置，采用多台电动机拖动。

　　（2）各种工作状态都通过十字开关 SA 操作，为防止十字开关手柄停在任何工作位置时，因接通电源而产生误动作，本控制线路设有零压保护环节。

　　（3）摇臂升降要求有限位保护。

　　（4）钻削加工时需要对刀具及工件进行冷却。各电动机功能及控制要求见表 8-3。

表8-3

各电动机功能及控制要求

电动机名称及代号	作用	控制要求
主轴电动机 M1	拖动钻削及进给运动	单向运转，主轴的正反转通过摩擦离合器实现
摇臂升降电动机 M2	拖动摇臂升降	正反转控制，通过机械和电气联合控制
液压泵电动机 M3	拖动内、外立柱及主轴箱与摇臂夹紧与放松	正反转控制，通过液压装置和电气联合控制
冷却泵电动机 M1	供给冷却液	正转控制，拖动冷却泵输送冷却液

二、识读 Z3040 摇臂钻床的控制电路

如图 8-12 所示是 Z3040 钻床的电气控制电路图。

1. 主电路介绍

该钻床共有 4 台电动机，分别如下。

主轴电动机 M1：提供主轴旋转的动力，由交流接触器 KM1 控制单向运转，热继电器 FR1 作过载保护，断路器 QF1 兼作短路保护。

摇臂升降电动机 M2：提供摇臂升降的动力，由交流接触器 KM2 和 KM3 控制 M2 正反转，用于间歇工作未设过载保护，断路器 QF3 作短路保护。

液压泵电动机 M3：提供液压油，用于摇臂、立柱、主轴箱的夹紧和松开，由交流接触器 KM4 和 KM5 控制 M3 正反转，热继电器 FR2 作过载保护，断路器 QF3 作短路保护。

冷却泵电动机 M4：输送冷却液，由断路器 QF2 控制并兼作过载保护。

Z3040 钻床辅助控制有：主轴运转指示灯、照明灯、电源指示。

2. 控制电路介绍

控制电路电源由控制变压器 TC 提供 110V 电压，熔断器 FU1 作为短路保护。6.3V 电压为电源指示灯，24V 局部照明灯，变压器次级设有熔断器作短路保护，SB1 为急停按钮，按下 SB1 整机停止工作，防止意外事故，SQ4 位置开关是控制柜门开门失电所设定的。

3. 控制电路原理分析

（1）M1 主轴电动机的控制。按下起动按钮 SB3，接触器 KM1 吸合并自锁，M1 起动运转，指示灯 HL2 亮，按下停止按钮 SB2，接触器 KM1 释放，M1 电动机停止运转，指示灯 HL2 熄灭。

（2）摇臂升降控制。

1）摇臂上升控制：按下上升按钮 SB4 闭合，失电延时继电器 KT1 得电吸合，动合瞬时触点闭合，动断瞬时触点断开，接触器 KM4 得电吸合，液压泵电动机 M3 起动正转，通过液压传动机构，使 SQ2 位置开关动断触点断开，动合触点闭合，前者切断 KM4 电路，液压泵电动机 M3 停转，后者使 KM2 线圈吸合，主触点闭合，接通 M2 电动机运转摇臂上升。上升到需要位置松开按钮 SB4，KM2 和时间继电器 KT1 同时失电释放，M2 电动机停转，上升停止，KT1 恢复初始状态。

2）摇臂下降控制：按下下降按钮 SB5，失电延时继电器 KT1 得电吸合，其瞬时触点断开，这时液压泵电动机运转原理与上升一样，当到达需要位置松开 SB5，KM3 线圈失电，电动机停转，由于时间断电器 KT1 失电释放，经 2 ~ 3s 时间延时，延时触点闭合，电源 110V 电压使 KM5 线圈得电吸合，M3 电动机反转通过液压装置使摇臂夹紧，夹紧后通过机械传动，碰触到位置开关使动断触点断开，KM5 失电释放，M3 电动机停转，完成了松开━━➤上升或下降━━➤夹紧的过程。

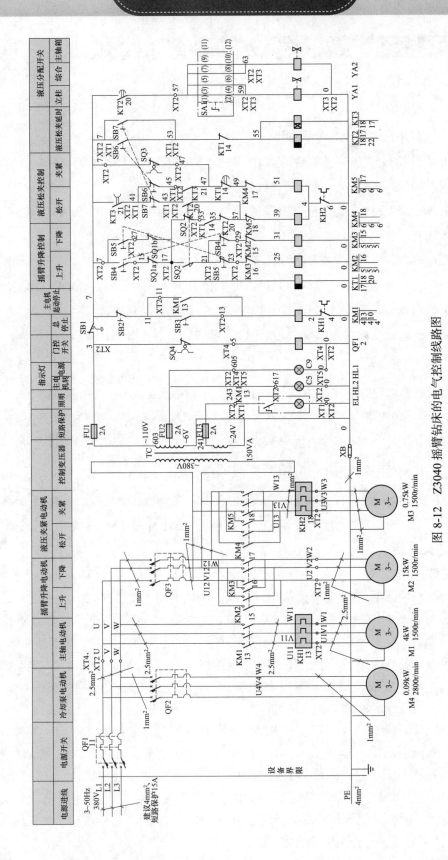

图 8-12 Z3040 摇臂钻床的电气控制线路图

位置开关 SQ1a 为上升限位保护，位置开关 SQ1b 为下降限位保护，位置开关 SQ3 是自动夹紧的关键电器，调整不当或动断触点断不开都易使 M3 电动机过载。摇臂升降电动机 M2 的正反转采用电气双重连锁保护，为防止主电路故障，确保电路安全工作。

（3）立柱和主轴箱的夹紧与放松控制。

立柱和主轴箱的夹紧（或放松）既可以同时进行，也可以单独进行，由转换开关 SA1 和复合按钮 SB6、SB7 控制，SA1 有三个位置，中间位置为立柱和主轴箱的夹紧与放松同时进行，左边位置为立柱和主轴箱的夹紧与放松，右边的位置为主轴箱夹紧或放松，复合按钮 SB6 是松开按钮，SB7 是夹紧按钮。

（4）立柱和主轴箱同时松开与夹紧。

将转换开关 SA1 拨到中间位置，按下按钮 SB6，时间继电器 KT2，KT3 线圈得电吸合，KT2 的延时断开动合触点瞬时闭合，电磁铁 YA1，YA2 得电吸合，KT3 延时闭合动合触点经 1 ~ 3s 延时后闭合，接触器 KM4 得电吸合，液压泵电动机 M3 正转。

松开 SB6 按钮，时间继电器 KT2 和 KT3 线圈失电释放，KT3 延时闭合的动合触点瞬时分断，KM4 失电释放，KT2 延时分断的动合触点经 1 ~ 3s 后分断，电磁铁 YA1、YA2 失电释放，立柱和主轴箱同时松开。

立柱和主轴箱同时夹紧的工作原理与松开相似，按下 SB7 按钮，接触器 KM5 得电吸合，M3 电动机反转。

（5）立柱和主轴箱单独松开与夹紧。

如果需要单独控制立柱，可将转换开关 SA1 扳至左侧位置。按下夹紧按钮 SB7，时间继电器 KT2 和 KT3 线圈同时得电吸合，电磁铁 YA1 得电吸合，立柱夹紧。

松开按钮 SB7，时间继电器 KT2 和 KT3 线圈失电释放，KT3 的通电延时闭合动合触点瞬时断开，接触器 KM5 线圈失电释放液压泵电动机 M3 停转，经 1 ~ 3s 的延时后，KT2 延时分断的动合触点分断，电磁铁 YA1 失电释放，立柱夹紧操作结束。

同理，主轴箱的松开过程可自行分析。

三、用 PLC 改造 Z3040 摇臂钻床

1. PLC 控制系统的主电路接线图

如图 8-13 所示是 Z3040 钻床 PLC 改造的主电路图。

2. PLC 控制系统的 I/O 接线图

（1）分配 PLC 的 I/O 地址通道。

根据控制要求，首先确定 I/O 的个数，进行 I/O 的分配。本实例需要 12 个输入点，6 个输出点，见表 8-4。

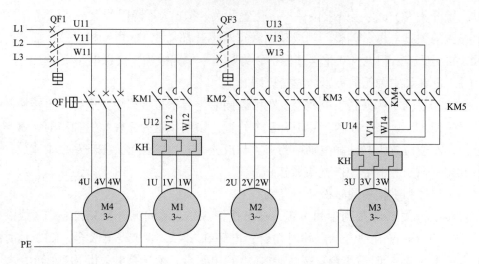

图 8-13　Z3040 钻床 PLC 控制系统的主电路图

表8-4

PLC的I/O配置

输入设备			输出设备		
代号	功能	输入继电器	代号	功能	输出继电器
SB1	主轴电动机 M1 停止	I0.0	KM1	控制主轴电机 M1	Q0.0
SB2	主轴电动机 M1 起动	I0.1	KM2	控制摇臂电机 M2 正转	Q0.1
SB3	摇臂上升按钮	I0.2	KM3	控制摇臂电机 M2 反转	Q0.2
SB4	摇臂下降按钮	I0.3	KM4	控制液压电机 M3 正转	Q0.3
SB5	松开控制按钮	I0.4	KM5	控制液压电机 M3 反转	Q0.4
SB6	夹紧控制按钮	I0.5	YA	液压控制电磁阀	Q0.5
SQ1	摇臂上升限位（接动合触点）	I0.6			
SQ2	摇臂下降限位（接动断触点）	I0.7			
SQ3	摇臂松开限位	I1.0			
SQ4	摇臂夹紧限位	I1.1			
FR1	M1 过载保护	I1.2			
FR2	M3 过载保护	I1.3			

（2）PLC 控制系统的 I/O 接线。

根据控制要求分析，设计并绘制 PLC 控制系统的 I/O 接线原理图，如图 8-14 所示。

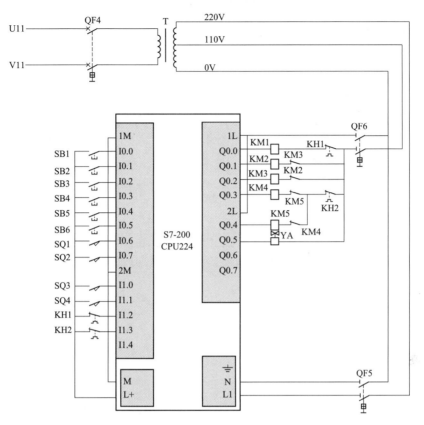

图 8-14 PLC 控制系统 I/O 接线图

3. PLC 梯形图

Z3040 钻床的 PLC 梯形图程序，如图 8-15 所示。

4. 电路工作过程

（1）主轴电动机的控制。

1）主轴电动机起动控制。在网络 1 中，当按下 SB2 起动按钮━━►输入继电器 I0.1 得电━━►动合触点 I0.1 闭合━━►输出继电器 Q0.0 得电━━►主轴接触器 KM1 得电吸合，主触点闭合，M1 电动机起动运转。

2）主轴电动机停止控制。在网络 1 中，当按下 SB1 停止按钮━━►输入继电器 I0.0 得电━━►动断触点 I0.0 断开━━►输出继电器 Q0.0 失电━━►主轴接触器 KM1 失电释放，主触点断开，M1 电动机停止运转。

3）主轴电动机过载保护。主轴电动机出现过载时，热继电器 FR1 动作━━►输入继电器 I1.2 得电━━► I1.2 动断触点断开━━►输出继电器 Q0.0 失电━━►主轴接触器 KM1 失电释放，主触点断开，M1 电动机停止运转。

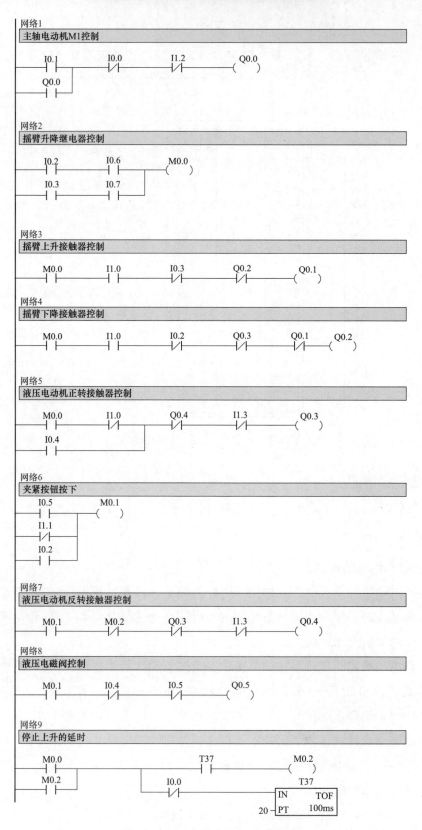

图 8-15　Z3040 钻床的 PLC 梯形图

（2）摇臂的上升控制。在网络2中，按下摇臂上升点动按钮SB3 ——→输入继电器I0.2得电——→动合触点I0.2闭合——→辅助继电器M0.0得电——→网络3、网络4、网络9中，M0.0闭合。

　　——→网络5中的动合触点M0.0闭合——→输出继电器Q0.3得电——→KM4接触器得电，液压电动机正转，摇臂松开——→当摇臂松开限位开关SQ3压下——→输入继电器I1.0得电——→网络3中，动合触点I1.0闭合——→输出继电器Q0.1得电——→摇臂接触器KM2得电，主触点闭合，电动机M2正转，摇臂上升——→当摇臂上升到合适位置后——→松开上升按钮SB3——→输入继电器I0.2失电——→辅助继电器M0.0失电——→电动机M2停止——→网络9中的失电延时定时器T38失电开始延时——→延时0.5s后，T38触点动作，切断M0.2继电器——→网络7中的M0.2触点恢复闭合——→输出继电器Q0.4得电——→KM5得电，液压电机反转，摇臂夹紧——→夹紧到位SQ4动作——→输入继电器I1.1得电——→网络6中的I1.1动断触点断开——→M0.1继电器失电——→辅助触点M0.1断开，Q0.4失电，液压电机反转停止，夹紧到位结束。

（3）摇臂的下降控制。在网络2中，按下摇臂下降点动按钮SB4 ——→输入继电器I0.3得电——→动合触点I0.3闭合——→辅助继电器M0.0得电——→网络3、网络9中，M0.0闭合。

　　——→网络5中的动合触点M0.0闭合——→输出继电器Q0.3得电——→KM4接触器得电，液压电动机正转，摇臂松开——→当摇臂松开限位开关SQ3压下——→输入继电器I1.0得电——→网络4中，动合触点I1.0闭合——→输出继电器Q0.2得电——→摇臂接触器KM3得电，主触点闭合，电动机M2反转，摇臂下降——→当摇臂下降到合适位置后——→松开下降按钮SB4——→输入继电器I0.3失电——→辅助继电器M0.0失电——→电动机M2停止——→网络9中的失电延时定时器T38失电开始延时——→延时0.5s后，T38触点动作，切断M0.2继电器——→网络7中的M0.2触点恢复闭合——→输出继电器Q0.4得电——→KM5得电，液压电机反转，摇臂夹紧——→夹紧到位SQ4动作——→输入继电器I1.1得电——→网络6中的I1.1动断触点断开——→M0.1继电器失电——→辅助触点M0.1断开，Q0.4失电，液压电机反转停止，夹紧到位结束。

（4）摇臂单独松开与夹紧。

1）单独松开控制。在网络5中，按下松开SB5按钮——→输入继电器I0.4得电——→动合触点I0.4闭合——→输出继电器Q0.3得电——→网络7中，动断触点Q0.3断开，切断Q0.4回路。

　　——→KM4接触器得电，液压电动机正转，摇臂松开。

2）单独夹紧控制。在网络6中，按下松开SB6按钮——→输入继电器I0.5得电——→动合触点I0.5闭合——→辅助继电器M0.1得电——→输出继电器Q0.4得电——→KM5接触器得电，液压电动机反转，摇臂夹紧。

第四节　M7120 平面磨床的 PLC 控制

平面磨床是用砂轮磨削加工各种零件平面的机床，M7120 型平面磨床是平面磨床中使用较为普遍的一种，它的磨削精度高和表面较光洁，操作方便，适于磨削精密零件和各种工具。M7120 型平面磨床主要由它由床身、工作台、电磁吸盘、砂轮箱、滑座、立柱等部分组成，如图 8-16 所示。

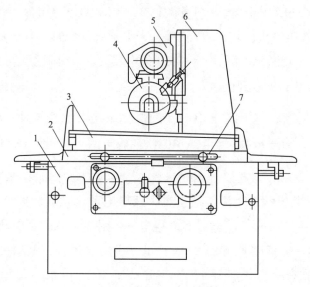

图 8-16　M7120 型平面磨床外形

1—床身；2—工作台；3—电磁吸盘；4—砂轮箱；5—滑座；6—立柱；7—撞块

一、M7120平面磨床的控制要求

1. M7120 磨床控制系统的电力拖动形式

M7120 型平面磨床采用分散拖动，共有 4 台电动机，即液压泵电动机，砂轮电动机、砂轮箱升降电动机和冷却泵电动机，全部采用普通笼型交流电动机。磨床的砂轮、砂轮箱升降和冷却泵不要求调速，工作台往返运动是靠液压传动装置进行的，采用液压无级调速，运行较平稳。换向是通过工作台上的撞块碰撞床身上的液压换向开关来实现的。

2. M7120 磨床控制系统的控制要求

（1）砂轮电动机、液压泵电动机和冷却泵电动机只要求单方向旋转，因容量不大，故采用直接起动。

（2）砂轮箱升降电动机要求能正反转。

（3）冷却泵电动机要求在砂轮电动机运转后才能起动。

（4）电磁吸盘需有去磁控制环节。

（5）应具有完善的保护环节，如电动机的短路保护、过载保护、零压保护及电磁吸盘的欠压保护等。

（6）有必要的信号指示和局部照明。

二、识读M7120平面磨床控制电路

如图 8-17 所示是 M7120 平面磨床的电气控制线路图。

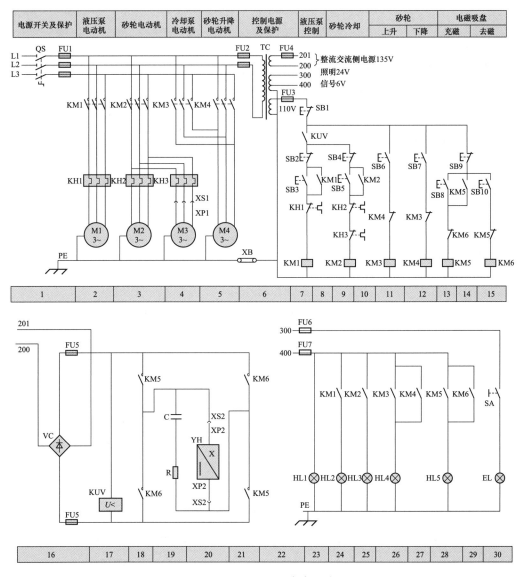

图 8-17　M7120 平面磨床电路图

1. 主电路分析

主电路中共有 4 台电动机，其中 M1 是液压泵电动机，实现工作台的往复运动；M2 是砂轮电动机，带动砂轮旋转磨削加工工件；M3 是冷却泵电动机，为砂轮磨削工件时输送冷却液；M4 是砂轮升降电动机，用以调整砂轮与工件的位置。其中砂轮 M4 可正反转。4 台电动机的工作要求是：M1、M2 和 M3 只需正转控制；M4 需要正反转控制，冷却泵电动机 M3 却需要在 M2 运转后才能运转。4 台电动机具有短路、欠电压和失电压保护，分别由熔断器 FU1 和接触器 KM1、KM、KM3 和 KM4 来执行，除 M4 之外，其余 3 台电动机分别由热继电器 FR1、FR2 和 FR3 进行过载保护。

2. 控制电路分析

当电源电压正常时，合上电源总开关 QS1，位于 7 区的电压继电器 KV 的动合触点闭合，便可进行操作。

（1）液压泵电动机 M1 的控制。

起动过程：按下 SB3 ⟶ KM1 得电 ⟶ M1 起动。

停止过程：按下 SB2 ⟶ KM1 失电 ⟶ M1 停转。

运动过程中若 M1 过载，则 FR1 动断触点分断，M1 停转，起到过载保护作用。

（2）砂轮电动 M2 的控制。

起动过程：按下 SB5 ⟶ KM2 得电 ⟶ M2 起动。

停止过程：按下 SB4 ⟶ KM2 失电 ⟶ M2 停转。

（3）冷却液泵电动机 M3 的控制。冷却泵电动机 M3 通过接触器 KM2 控制，因此 M3 与砂轮电动机 M2 是联动控制。

按下 SB5 时 M3 与 M2 同时起动。按下 SB4 时 M3 与 M2 同时停止。

FR2 与 FR3 的动断触点串联在 KM2 线圈回路中。M2、M3 中任一台过载时，相应的热继电器动作，都将使 KM2 线圈失电，M2、M3 同时停止。

（4）砂轮升降电动机 M4 的控制。砂轮升降电动机采用接触器连锁的点动正反转控制。

砂轮上升控制过程：按下 SB6 ⟶ KM3 得电 ⟶ M4 起动正转。当砂轮上升到预定位置时，松开 SB6 ⟶ KM3 失电 ⟶ M4 停转。

砂轮下降控制过程：按下 SB7 ⟶ KM4 得电 ⟶ M4 起动反转。当砂轮下降到预定位置时，松开 SB7 ⟶ KM4 失电 ⟶ M4 停转。

（5）电磁工作台的控制。电磁工作台又称电磁吸盘，它是固定加工工件的一种夹具，它是利用通电线圈产生磁场的特性吸牢铁磁性材料的工件，便于磨削加工。电磁吸盘的内部装有凸起的磁极，磁极上绕有线圈。吸盘的面板也用钢板制成，在面板和磁极之间填有绝磁材料。当吸盘内的磁极线圈通以直流电时，磁极和面板之间形成两个磁极，既 N 极和 S 极，当工件放在两个磁极中间时，使磁路构成闭合回路，因此就将工件牢固地吸住。

1）电磁吸盘的组成。工作电路包括整流、控制和保护三个部分。整流部分由整流变压器和桥式整流器 VC 组成，输出 110V 直流电压。

2）电磁吸盘充磁的控制过程。按下 SB9 ——→ M5 得电（自锁）——→ YC 充磁。

3）电磁吸盘的退磁控制过程。工件加工完毕需取下时，先按下 SB8，切失电磁吸盘的电源，由于吸盘和工件都有剩磁，所以必须对吸盘和工件退磁。退磁过程为：按下 SB8、SB10 ——→ KM6 得电——→ YC 退磁，此时电磁吸盘线圈通入反向的电流，以消除剩磁。由于去磁时间太长会使工件和吸盘反向磁化，因此去磁采用点动控制。松开 SB10 则去磁结束。

（6）辅助电路分析。辅助电路主要是信号指示和局部照明电路。其中，EL 为局部照明灯，由变压器 TC 供电，工作电压为 36V，由手动开关 QS2 控制。其信号灯也由 TC 供电，工作电压为 6.3V。HL 为电源指示灯；HL1 为 M1 运转指示灯；HL2 为 M2 运转指示灯；HL3 为 M4 运转指示灯；HL4 为电磁吸盘工作指示灯。

三、用PLC改造M7120平面磨床

1. PLC 控制系统的主电路接线图

如图 8-18 所示是 M7120 平面磨床 PLC 改造的主电路图。

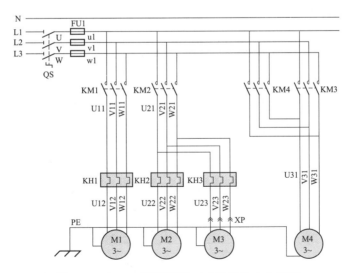

图 8-18　M7120 平面磨床 PLC 改造的主电路图

2. PLC 控制系统的 I/O 接线

（1）分配 PLC 的 I/O 地址通道。根据控制要求，首先确定 I/O 的个数，进行 I/O 的分配。本实例需要 13 个输入点，6 个输出点，见表 8-5。

表8-5

PLC的I/O地址通道分配

名称	输入元件	输入点	名称	输出元件	输出点
电压继电器	KV	I0.0	液压泵电动机接触器	KM1	Q0.0
总停按钮	SB1	I0.1	砂轮电动机接触器 + 冷却液电动机	KM2	Q0.1
液压泵电动机 1M 起动按钮	SB3	I0.2	砂轮上升接触器	KM3	Q0.2
液压泵电动机 1M 停止按钮	SB2	I0.3	砂轮下降接触器	KM4	Q0.3
砂轮电动机 2M 起动按钮	SB5	I0.4	电磁吸盘充磁接触器	KM5	Q0.4
砂轮电动机 2M 停止按钮	SB4	I0.5	电磁吸盘去磁接触器	KM6	Q0.5
升降砂轮电动机 4M 上升按钮	SB6	I0.6			
升降砂轮电动机 4M 下降按钮	SB7	I0.7			
电磁吸盘充磁按钮	SB9	I1.0			
电磁吸盘停止充磁按钮	SB8	I1.1			
电磁吸盘去磁按钮	SB10	I1.2			
液压泵电动机 1M 热继电器	FR1	I1.3			
砂轮电动机 2M 热继电器、冷却泵电动机 3M 热继电器	FR2、FR3	I1.4			

（2）PLC 控制系统的 I/O 接线。

根据控制要求分析，设计并绘制 PLC 系统的 I/O 接线图，如图 8-19 所示。

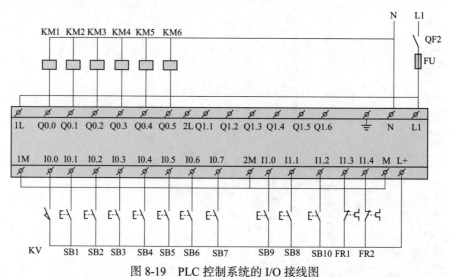

图 8-19 PLC 控制系统的 I/O 接线图

3. PLC 梯形图

如图 8-20 所示是 M7120 平面磨床的梯形图。

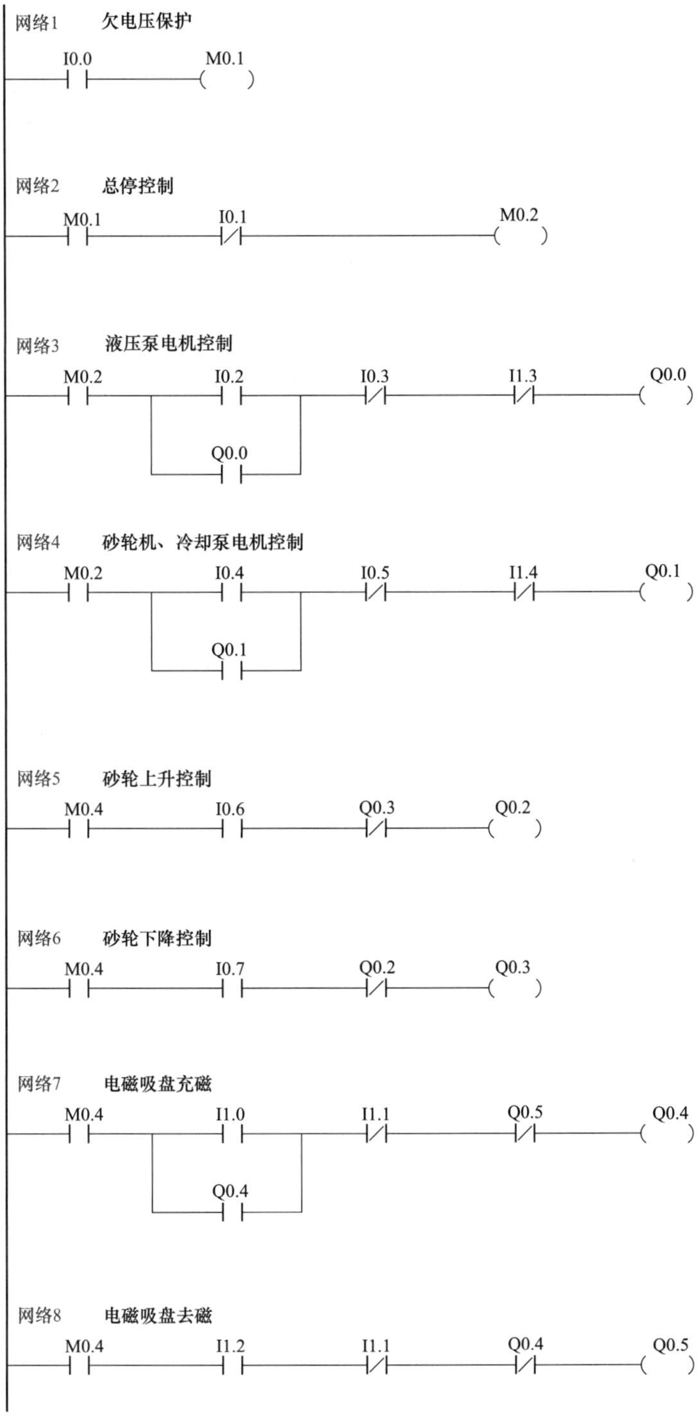

图 8-20　PLC 梯形图

4. 电路工作过程

（1）欠电压保护与总停控制。

当控制线路的电压正常时，电压继电器 KV 得电。在网络 1 中，电压继电器 KV 得电 ⟶ 其 KV 触点闭合 ⟶ 输入继电器 I0.0 得电 ⟶ 动合触点 I0.0 闭合 ⟶ 辅助继电器 M0.1 得电 ⟶ 网络 2 中，动合触点 M0.1 闭合 ⟶ 辅助继电器 M0.2 得电，为磨床欠电压与总停控制做准备。

当控制线路的电压不正常时，电压继电器 KV 不得电，网络 1 中 M0.1 不得电，网络 2 中的 M0.2 就不得电，系统停止不工作。

当按下总停按钮 SB1，网络 2 中的 I0.1 动合触点断开，辅助继电器 M0.2 不得电，系统停止不工作。

（2）液压泵电动机的控制。

1）液压泵电动机的起动控制。按下 SB3 起动按钮 ⟶ 输入继电器 I0.2 得电 ⟶ 网络 3 中的动合触点 I0.2 闭合 ⟶ 输出继电器 Q0.0 得电 ⟶ 接触器 KM1 得电 ⟶ KM1 主触点闭合，电动机 M1 起动运转。

2）液压泵电动机的停止控制。按下 SB2 停止按钮 ⟶ 输入继电器 I0.3 得电 ⟶ 网络 3 中的动断触点 I0.3 断开 ⟶ 输出继电器 Q0.0 失电 ⟶ 接触器 KM1 失电 ⟶ KM1 主触点断开，电动机 M1 停止运转。

3）液压泵电动机的过载保护。当负载出现过载情况时，热继电器 FR1 动作 ⟶ 网络 3 中的动断触点 I1.3 断开 ⟶ 输出继电器 Q0.0 失电 ⟶ 接触器 KM1 失电 ⟶ KM1 主触点断开，电动机 M1 停止运转。

（3）砂轮机与冷却泵的控制。

1）砂轮机与冷却泵的起动控制。按下 SB5 按钮 ⟶ 输入继电器 I0.4 得电 ⟶ 网络 4 中的动合触点 I0.4 闭合 ⟶ 输出继电器 Q0.1 得电 ⟶ 接触器 KM2 得电 ⟶ KM2 主触点闭合，砂轮电动机 M2 和冷却泵电机 M3 起动运转。

2）砂轮机与冷却泵的停止控制。按下 SB4 按钮 ⟶ 输入继电器 I0.5 得电 ⟶ 网络 4 中的动断触点 I0.5 断开 ⟶ 输出继电器 Q0.1 失电 ⟶ 接触器 KM2 失电 ⟶ KM2 主触点断开，砂轮电动机 M2 和冷却泵电机 M3 停止运转。

3）砂轮机与冷却泵的过载保护。当砂轮机与冷却泵出现过载时，热继电器 FR2 或 FR3 动作 ⟶ 网络 4 中的动断触点 I1.4 断开 ⟶ 输出继电器 Q0.1 失电 ⟶ 接触器 KM2 失电 ⟶ KM2 主触点断开，砂轮电动机 M2 和冷却泵电机 M3 停止运转。

（4）砂轮上升控制。按下 SB6 点动按钮 ⟶ 输入继电器 I0.6 得电 ⟶ 网络 5 中的动合触点 I0.6 闭合 ⟶ 输出继电器 Q0.2 得电 ⟶ 接触器 KM3 得电 ⟶ KM3 主触点闭合，电动机 M4 正转起动，砂轮机上升。

松开按钮 SB6，电动机上升停止。

（5）砂轮下降控制。按下 SB7 点动按钮━━━► 输入继电器 I0.7 得电━━━► 网络 6 中的动合触点 I0.7 闭合━━━► 输出继电器 Q0.3 得电━━━► 接触器 KM4 得电━━━► KM4 主触点闭合，电动机 M4 反转，下降运转。

松开按钮 SB7，电动机下降停止。

（6）电磁吸盘控制。

1）电磁吸盘充磁控制。按下 SB9 按钮━━━► 输入继电器 I1.0 得电━━━► 网络 7 中的动合触点 I1.0 闭合━━━► 输出继电器 Q0.4 得电━━━► 电磁吸盘充磁接触器 KM5 得电━━━► KM5 主触点闭合，接通电磁吸盘直流电源，开始充磁。

2）电磁吸盘去磁控制。按下 SB10 按钮━━━► 输入继电器 I1.2 得电━━━► 网络 8 中的动合触点 I1.2 闭合━━━► 输出继电器 Q0.5 得电━━━► 电磁吸盘去磁接触器 KM6 得电━━━► KM6 主触点闭合，反相接通电磁吸盘直流电源，开始去磁。

3）电磁吸盘停止控制。不管在充磁状态下，还是在去磁状态下，按下 SB8 按钮，输出继电器 Q0.4（或 Q0.5）失电，接触器 KM5（或 KM6）失电，切断电磁吸盘的直流电源。